한 문장도 어려워하던 아이가
글쓰기를 시작합니다

변화를
만드는
초등
글쓰기
비법

정재영 지음

아이가 글로 자기표현을 하는 사이,
실력과 자존감이 쑥쑥 자란다

〈왜 아이에게
그런 말을 했을까〉
저자의 최신작

실제 사례
다수 수록

30년 글쓰기
노하우 집약

1+1 +1 ✓
연습문제와
해설

김영사

한 문장도 어려워하던 아이가
글쓰기를 시작합니다

✎ 정재영

1990년대부터 학생들에게 글쓰기를 가르치기 시작했다. 영어보다 모국어 공부를 기피하는 초등학생들의 모습이 의아했다. 중고등학생들이 글쓰기를 수학만큼 어려워하는 현실에 안타까움도 느꼈다. 문제는 글쓰기 교육 방법에 있었다. 딱딱하고 상투적으로 가르치면 글쓰기가 지루하고 싫어진다. 깊이 있으면서 흥미로운 글쓰기 교육서가 필요하다고 생각했고, 즐거운 글쓰기 교육이 가능하다고 믿으며 이 책을 집필했다.

저서로 종합 베스트셀러 1위 《왜 아이에게 그런 말을 했을까》《말투를 바꿨더니 아이가 공부를 시작합니다》 등이 있다.

abookfactory@gmail.com

변화를 만드는 초등 글쓰기 비법
한 문장도 어려워하던 아이가
글쓰기를 시작합니다

1판 1쇄 인쇄 2021. 4. 19.
1판 1쇄 발행 2021. 4. 26.

지은이 정재영

발행인 고세규
편집 길은수 디자인 지은혜 마케팅 김새로미 홍보 박은경
발행처 김영사

등록 1979년 5월 17일 (제406-2003-036호)
주소 경기도 파주시 문발로 197(문발동) 우편번호 10881
전화 마케팅부 031)955-3100, 편집부 031)955-3200 | 팩스 031)955-3111

값은 뒤표지에 있습니다.
ISBN 978-89-349-8690-4 13590

홈페이지 www.gimmyoung.com   블로그 blog.naver.com/gybook
인스타그램 instagram.com/gimmyoung   이메일 bestbook@gimmyoung.com

좋은 독자가 좋은 책을 만듭니다.
김영사는 독자 여러분의 의견에 항상 귀 기울이고 있습니다.

한 문장도 어려워하던 아이가
글쓰기를 시작합니다

변화를
만드는
초등
글쓰기
비법

정재영 지음

김영사

글쓰기는 자존감을 높여줍니다. 다른 이점도 여럿 있죠. 글쓰기 연습을 하며 언어 능력이 자라나까 성적도 오르고, SNS에 인상적인 글도 곧잘 남기며, 훗날에는 세련되고 정확하게 표현하는 사회인으로 성장할 수 있습니다. 이 중 글쓰기의 이점을 딱 하나만 꼽는다면 '자존감 고양'입니다. 글을 쓰면 나 자신이 가치 있고 소중한 존재라고 믿게 됩니다. 이 사실을 증명한 연구도 있습니다.

미국 데니슨 대학의 심리학과 교수 크리스티나 슈타이너Kristina Steiner가 2018년 학술지 〈저널 오브 퍼스낼리티Journal of Personality〉에 관련 연구를 발표했습니다. 실험 참가자 300여 명에게 10분 동안 자기 인생에 대한 글을 쓰게 해보니 글쓰기 전 측정치와 비교하여 자존감이 통계적으로 유의미하게 높아졌다고 합니다. 어떤 주제이든 상관없었습니다. 자신에 대한 내용이면 무엇이든 10분만 써도 자기를 존중하는 마음이 커졌습니다.

저 역시 글쓰기의 자존감 고양 효과를 목격했습니다. 저는 중고등학생 대상 논술 책 두 권을 쓴 이후 학원 강의 등 학생들에게 글쓰기를 가르칠 기회가 생겼습니다. 또 제 아이가 초등학생이 되고는, 제 아이와 아이의 친구들과 지인의 자녀들까지 알음알음으로 모아 10년 넘게 글쓰기를 가르쳤습니다.

당시 어린이들에게 고민을 글로 자주 쓰게 했는데 그 내용을 보니 대개 자존감이 낮은 이유가 하나씩 있더군요. 예를 들어서 수학을 못하거나 운동 실력이 부족하거나 부끄러움이 많은 성격이어서 자신이 싫다고 했습니다. 그런데 그런 마음을 담은 글을 쓰고 나면 얼굴이 밝아졌습니다. 생각만 할 때는 고민이 끝도 없이 깊었지만 글로 표현한 뒤에는 자존감을 훼손하는 고민에서 놓이는 듯 보였습니다. 슬픔을 한껏 토로하면 슬픔에서 한결 벗어나는 것 같습니다.

제 개인의 경험도 비슷합니다. 심지어 자책하고 후회하는 글을 써도 기분이 맑아집니다. 비록 내가 부족했지만 그래도 무척 애쓴 것은 기특하다고 보듬게 됩니다. 이렇게 따뜻한 자기 수용은 홀로 앉아 글을 쓴 뒤에 생깁니다.

글쓰기가 자신을 존중하고 보듬게 만드는 이유는 무엇일까요? 아마도 글이 '객관화된 자신'이기 때문일 겁니다. 글은 거울 속의 나와 다르지 않습니다. 내 글을 읽으면 기뻐하고 슬퍼하는 나 자신이 보입니다. 결과가 초라할지언정 최선을 다한 나 또한 눈에 들어옵니다. 스스로 안아주고 칭찬하고 싶어집니다. 글은 내가 사랑스럽고 소중한 존재임을 깨닫게 만듭니다. 자존감을 높이는 것이죠. 과학 논문이나 신문 기사처럼 정보성 글은 예외일 수 있지만 대부분 글은 자기 사랑 혹은 자기 존중을 높입니다. 그런 의미에서 자존감 형성기에 있는 어린이에게 글쓰기 공부는 더욱 중요합니다.

그런데 글쓰기의 이득만 이야기해서는 공허합니다. 글쓰기의 혜택이 많다는 걸 모르는 사람은 없습니다. 더 중요한 것은 우리 아이가 실제로 글을 써야 한다는 것이죠. 대개 아이들은 글쓰기를 무척 싫어합니다. 정확히는 두려워서 기피합니다. 아이가 글을 쓰게 하는 방법은 네 가지입니다.

첫 번째로 아이의 삶이 놀라운 스토리로 가득하다는 사실을 알려줘야 합니다. 아이는 초능력 소유자입니다. 완벽하지 않은 엄마, 아빠와 한집에서 10년 넘게 갖은 고생을 견디며 살고 있으니 대단합니다. 어린이로 살다보면 기쁜 일은 물론이고 슬픈 일도 매일같이 생겨납니다. 다양한 시련도 겪습니다. 그걸 다 경험하고 버텨내는 아이들은 대단한 능력자입니다. 우리 아이가 얼마나 대단한지 알려주면 자존감이 충만한 글을 쓰게 될 것입니다. 또 기쁜 일이 무척 많은 걸 알게 되면 글쓰기 유혹을 느낍니다. 기쁨이 넘치면 노래하듯이 글을 쓰게 되는 것이죠. 일상 속에 굉장한 스토리가 많이 있다는 걸 알려주는 게 이 책의 목표 중 하나입니다. 엄마, 아빠, 친구 그리고 나 자신을 섬세하게 관찰하면 저절로 글을 쓰게 됩니다. 내면의 감상이 범람하니까 글을 쓰지 않고는 배기기 어려운 겁니다.

두 번째로 훌륭하지 않은 예도 실컷 보여줘야 아이가 쉽게 글을 씁니다. 보통 아이들은 전문가가 쓴 모범적인 글만 접합니다. 이것이 문제입니다. 현실 속 대부분 아이는 글을 모범답안처럼 매끄럽게 쓰긴 어렵습니다. 이게 정상이죠. 아이의 현실 글처럼 실수와 허점도 가득한 글을 보여줘야, 낄낄 웃고 고치면서 실력이 늘어납니다. 아울러 완벽하지 않은 예문을 접한 뒤 글을 쓰며 자신에게 관대해진다는 점도 중요합니다. '실수를 해도 괜찮구나' 하고 스스로에게 관대해지며 글쓰기 공포증과 기피증이 확연히 줄어듭니다. 이 책처럼 실수투성이 예문을 넉넉히 담은 글쓰기 책은 많지 않습니다.

세 번째로 글을 쓰게 만들려면 아이가 원하는 주제로 글을 쓰게 해야 합니다. '과학자가 되어야 하는 이유'는 부모님이 원하는 주제입니다. 아이가 쓰고 싶어 하는 주제는 따로 있어요. '반려동물을 길러야 하는 이유' '엄마, 아빠가 반성해야 할 것들' '어린이를 존중해야 하는 이유' '내가 좋아하는 아이돌의 뛰어난 점' 등에 대해서 쓰라고 하면, 아이가 연필을 후다닥 잡을지도 모릅니다. 원하는 걸 쓰게 해야 아이가 글을 씁니다. 지나치다 싶게 쉬운 이치입니다. 이 책에서 제시하는 예문과 연습문제 글감은 대부분 어린이 세계에 친화적인 편입니다.

네 번째로 가장 중요한 것이 남아 있습니다. 글쓰기 기법을 배워야 글쓰기를 좋아하게 됩니다. 음식 레시피가 전해지는 것처럼, 글을 쓰는 기법도 세상에 이미 존재합니다. 가령 수사법은 고대 그리스에서 만들어져 지금까지 이어집니다. 문장끼리 그리고 문단끼리 부드럽게 연결하는 방법, 첫 문장을 쓰는 방법, 소재를 비교하고 분석하는 방법도 다 기성의 것들입니다. 이런 기법을 알면 글쓰기가 편하고 재미있어집니다. 자전거만 사주고 타는 방법은 알려주지 않는 부모님은 없습니다. 그런데 글 쓰라고 시켜놓고 글 쓰는 방법을 알려주는 부모님은 많지 않습니다. 부모님의 글쓰기 교육을 도울 책이 충분하지 않은 게 가장 큰 원인입니다. 그런 부모님에게 도움이 되도록 글쓰기 기법을 풍성한 예를 들어 재미있게 설명하는 것이, 이 책의 중요한 목표입니다.

글을 쓰는 어린이가
행복하다

왜 아이에게 글을 쓰게 해야 할까요? 글을 쓰면 행복해지기 때문입니다. 아이는 글을 쓰면서 마음의 상처를 스스로 치유하는 법을 터득합니다. 또 자신이 좋아하고 싫어하는 게 무엇인지 똑똑히 알게 되죠. 아울러 이야기 속 가상의 친구 수백 명을 사귀는 방법도 글쓰기가 알려주며, 자기 마음을 달래는 힘도 글쓰기가 키워줍니다. 상처 치유 능력, 호불호 인식, 좋은 친구, 감정 통제력은 모두 행복의 필수 조건입니다.

글을 쓰는 어린이가 행복합니다. 달리 말하면 글쓰기를 통해 자기를 좋아하고 자신을 존중하는 어린이가 됩니다. 제가 어린이들에게 글쓰기를 가르치면서 접한 사례 몇 가지를 소개하며 내용을 설명하겠습니다.

1

글을 쓰면
마음속 상처를 씻어낼 수 있다

좋아하는 친구에게 고백할지 말지 고민하던 한 초등학생이 마음을 털
어놓았다가 결국 거절당했습니다. 속이 상한 어린이는 이런 글을 썼
습니다. 실제 초등학생의 글에서 이름을 가명으로 바꾸고 내용을 일
부 수정하여 소개합니다.

> 소율이를 좋아한다고 말했더니 친구들은 빨리 고백하라고 했었다. 한 달
> 동안 망설이다가 오늘 좋아한다고 걔에게 말했다. 그런데 소율이는 웃기
> 만 했다. 웃긴 웹툰을 보고 웃는 것처럼 크게 웃다가 한 말은 이거였다.
> "미안해." 왜 날 좋아하지 않는 거지? 내가 아이돌처럼 안 생겨서인가?
> 너무너무 외롭다. 오늘 나는 많이 슬프다.

조사해보니 초등학생의 최대 고민이 이성 친구 문제라는 결과가 많습니다. 어린 시절의 사랑도 힘들어요. 자칫 상처를 받기도 합니다. 고백했다가 거절당한 어린이에게, 나중에 아주 멋있게 성장할 것이고 그때는 넘치는 인기를 감당하기 힘들 거라고 위로해줬죠. 다음 날 어린이는 같은 경험을 희망에 찬 글로 다시 표현했습니다.

> 고백했다가 거절당했다. 나는 인기가 없다. 내가 징그럽나? 개구리처럼 보기도 싫은 건가? 눈물 나게 슬프다. 하지만 나중에 모두 후회할 거다. 나는 개구리 왕자다. 마법이 풀리면 아름다운 모습이 될 거다. 미운 오리 새끼처럼 멋있게 클 거다.

이 어린이에게 배웠습니다. 오늘의 슬픔에 골몰하지 말아야 합니다. 미래를 향해서 눈을 돌리면 마음이 더욱 굳건해집니다. 미래를 낙관하면서 오늘의 슬픔을 이겨낸 어린이는 멋지게 성장합니다.

이 어린이의 부모님도 도움을 주었어요. 이후에 어린이가 제목까지 붙여서 쓴 글인데, 의미가 모호한 문장을 일부 수정해서 소개합니다.

> **제목** 맛난 음식을 먹었더니 기분이 좋아졌다
>
> 엄마도 초등학교 때 좋아하던 아이가 있었다고 했다. 아빠도 그랬다. 엄마도 아빠도 괜히 고백했다가 후회하고 마음만 아팠다고 했다. 내가 고백했다가 거절당했다고 하니까 부모님이 도와주셨다. 아빠는 "슬픔은 맛있는 음식을 사랑하는 사람들과 함께 먹으며 풀 수 있다"고 말씀하셨다. 우리 가족은 맛있는 음식을 양껏 먹었다. 엄마가 "맛있는 것을 먹는 게 사

람을 이렇게나 행복하게 만든다"라고 말씀하셨다. 맞는 말이다. 하하하.

어린이는 글을 쓰면서 사랑의 상처를 점차 극복했어요. 기분 좋은 모습을 되찾고 친구들과 신나게 놀게 되었답니다.

글쓰기엔 아픈 마음을 달래주는 신비한 힘이 있어요. 아이가 힘들어하면 아픔이나 고민을 글로 표현하라고 권해보세요. 글쓰기는 마음을 치유하는 마법입니다.

2

글을 쓰면
자신이 좋아하는 것을 알게 된다

많은 어린이가 자신이 무엇을 제일 좋아하는지 명료하게 말하지 못합니다. 이것저것 전부 다 좋다고 말할 뿐이죠. 좋아하는 음식에 대한 글을 써보라고 했더니 한 어린이가 이렇게 썼어요.

> 나는 피자를 좋아한다. 파스타도 좋다. 삼겹살도 좋아한다. 라면도 좋아한다.

많은 어린이가 이렇게 씁니다. 단조로운 글이죠. 짧은 글인데도 읽기 싫어요. 이유는 단순 나열 방식으로 썼기 때문입니다. 여기서 '단순'은 '특정 기준 없이 아무렇게나'라는 뜻이고 '나열'은 '늘어놓는다'

라는 의미입니다. 따라서 '단순 나열'은 특정 기준 없이 아무렇게나 늘어놓았다는 뜻입니다.

레고 블록 100개를 허공에 확 뿌린다고 생각해보세요. 블록이 바닥에 '단순 나열'됩니다. 널브러진 블록 조각을 구경하는 게 재미있을까요? 블록으로 예쁜 강아지라도 만들었다면 모를까, 아무렇게나 나열된 블록을 보며 재미를 느끼긴 어렵습니다. 소재를 단순 나열한 글역시 재미없어요. 읽기 싫은 게 당연합니다.

제가 어린이에게 어떤 것이 가장 좋은지 순위를 정한 뒤에 글을 고쳐보라고 조언했어요. 일종의 기준을 제시한 것이죠. 그랬더니 어린이는 이렇게 쓰더군요.

내가 좋아하는 음식 4위는 피자다. 3위는 파스타이고 2위는 삼겹살이다. 그리고 1위는 바로 라면이다.

수정한 글은 단순 나열한 이전 글보다 흥미로워졌습니다. 읽는 사람은 1위가 무엇일지 알고 싶어서 끝까지 읽게 되지요.

표현력이 좋은 다른 어린이는 라면을 왜 좋아하는지 이유도 덧붙이더군요.

내가 좋아하는 음식 1위는 라면이다. 파스타와 피자도 좋지만 많이 먹으면 속이 느끼해진다. 라면 국물이 얼큰해서 좋다. 나는 매운 국물이 맛있다. 아빠가 날 애늙은이라고 부르는 이유다.

1위로 선정한 이유를 써놓으니까 글이 재미있어요. 읽는 사람이 공감할 여지도 생기고요.

반대로 가장 싫어하는 음식도 써보라고 말했더니 한 어린이가 이런 글을 써서 보여주더군요. 틀린 문장과 의미를 알 수 없는 표현은 수정해서 소개합니다.

> 내가 가장 싫어하는 음식은 김치찌개이고 제일 좋아하는 음식은 라사냐다. 김치찌개는 맵고 짜다. 또 배춧잎이 물컹 씹히는 느낌도 나는 좋아하지 않는다. 라사냐는 김치찌개처럼 짜고 맵지 않다. 또 속에 치즈가 듬뿍 들어있어서 쫀득하고 고소하다. 소고기를 씹을 때 느껴지는 맛도 좋다. 글을 쓰니까 갑자기 라사냐가 먹고 싶다.

이렇게 글을 쓰다보면 어린이는 자신이 무엇을 좋아하고 싫어하는지 알게 됩니다. 음식만이 아니에요. 좋아하는 TV 프로그램, 영화, 책이 뭔지 알 수 있어요. 또 '다정한 소율이가 가장 좋고 나를 놀리는 채우가 가장 싫다'라는 식으로 관계에 대한 선호도 글로 표현하며 자신이 좋아하거나 싫어하는 친구가 누구인지, 그 이유는 무엇인지 깨닫습니다. 글을 쓰며 어린이는 자신의 취향을 찾아갑니다. 자신의 취향을 아는 것은 행복의 조건입니다.

핵심 정리

단순 나열 방식으로 글을 쓰지 않도록 아이를 지도해야 합니다. 가장 좋아하는 것과 싫어하는 것을 골라서 글을 써보라고 권하는 것도 좋은 방법입니다.

3

글을 쓰면 똑똑해진다

마음씨가 아름다운 한 어린이가 친구를 위해 쓴 글을 저에게 보여줬어요. 키가 작아 고민하는 친구를 위로하려고 쓴 글입니다.

영수야, 키가 작아서 고민이라고 했지? 나도 그래. 하지만 우리 키가 작다고 실망하지 말자. 많이 먹고 열심히 운동하면 곧 키가 클 거야. 그리고 키가 작다고 못난 사람은 아니야. 우리는 큰 꿈을 이룰 수 있어. 내 말을 믿고 용기 내. 파이팅!

친구에게 힘을 불어넣는 따스한 글입니다. 그런데 내용을 조금만 더 보태면 훨씬 더 큰 힘을 줄 수도 있어요. 그래서 어린이에게 몇 가지 정보를 주었어요. 키가 작지만 위대한 업적을 쌓은 인물에 대한 배경지식을 알려주었습니다. 그랬더니 어린이는 내용이 더 풍성해진 글을 새로 썼습니다.

> 영수야, 키가 작아서 고민이라고 했지? 우리 키가 작다고 실망하지 말자. 키가 작다고 못난 사람은 아니야. 자기 분야에서 능력을 발휘하여 유명해진 사람 중에 키 작은 사람이 많아.
>
> 베토벤은 키가 162센티미터였어. 너 피카소 알지? 유명한 화가잖아. 키가 163센티미터였대. 우리랑 차이 많이 안 나. 우주에 처음 나간 사람이 누군지 아니? 유리 가가린이야. 키가 156센티미터야. 우리 키보다 조금 더 커. 유명한 배우 톰 크루즈는 170센티미터가 안 돼. 과학자 아이작 뉴턴도 167센티미터이고 프랑스 황제 나폴레옹도 비슷했어. 선생님이 구글 검색을 해서 알려주신 내용이야.
>
> 우리 많이 먹고 열심히 운동해서 키 크자. 하지만 키가 작은 사람이 모자란 사람이라고 오해하지는 말자. 키가 작아도 위대한 일을 할 수 있어. 파이팅!

배경지식을 접하며 어린이가 더욱 똑똑해졌어요. 글 내용도 더 풍부해졌고요. 어린이 본인도 뿌듯한 것 같았습니다.

어린이는 깨닫기도 했을 겁니다. 지식과 정보가 글쓰기의 중요한 재료라는 걸 알았을 테죠. 집을 짓는 사람은 벽돌과 목재 등 건축 자재의 중요성을 크게 느낍니다. 글을 쓰는 어린이는 지식에 대한 욕구가 커집니다. 책을 읽고 인터넷 검색을 하면서 새로운 지식을 쌓는 습관이 생깁니다. 글을 쓰는 과정에서 어린이의 지식이 빠르게 늘어납니다.

책만 읽을 때보다 책에서 얻은 지식을 응용하여 글까지 쓸 때 날카로운 관점도 가지게 됩니다. 글쓰기가 지적 성장의 도약대인 셈이죠. 우리 아이들에게 글쓰기를 쉽고도 재미있게 가르치는 게 긴요합니다.

4

글을 쓰면
좋은 친구들이 많이 생긴다

초등학교 고학년이면 많이들 사춘기를 맞습니다. 사춘기의 시그널은 뭐니 뭐니 해도 방문 닫기입니다. 사춘기 아이는 하나같이 방문을 닫아 부모를 자신의 영역에서 밀어내죠. 부모는 불안해집니다. 부모의 도움 없이 아이가 홀로 세파를 헤쳐나갈 수 있을지 걱정이 커집니다.

그런데 아이는 외롭지 않습니다. 친구들이 있으니까요. 엄마, 아빠만큼이나 고맙고 소중한 존재가 세상에 또 있다는 걸 알고 아이는 경이감을 느낍니다.

친구가 현실에만 있는 것은 아닙니다. 글을 읽고 쓰면서 어린이는 가상의 친구도 사귀게 됩니다. 예를 들어볼게요. 아래는 책과 영화에서 친구를 발견한 어린이가 쓴 글입니다.

나도 사춘기인가 보다. 혼자 있고 싶을 때가 있다. 부모님과 대화하기 싫어서 내 방으로 들어가 시간을 보낸다. 나는 나만의 세계가 편안하다. 이런 나를 이해하는 사람이 없어서 외롭다.

그런데 생각해보니 나처럼 사춘기를 겪는 아이들이 영화나 책에 많다. <겨울왕국>의 엘사도 사춘기였던 것 같다. 엘사는 깊은 산속에서 혼자 살려고 했다. 얼음 궁전에는 간섭하고 야단칠 사람이 아무도 없었다. 엘사는 혼자 있어도 행복해했다. 나와 비슷하다.

피노키오는 답답한 집을 떠나 신나는 여행을 하면서 지냈다. 나도 그런 상상을 자주 한다. 학교와 집과 학원에서 탈출할 수는 없을까? 자주 답답하다.

피터 팬도 사춘기 소년인데 어른도 싫고 자신이 어른이 되는 건 더 싫어했다. 그래서 어린이들과 네버랜드에 모여 산다. 어른들의 세상이 싫은 건 피터 팬과 내가 비슷한 점이다.

엘사와 피노키오와 피터 팬이 나처럼 사춘기라고 생각하니까 재미있다. 마음을 이해하는 친구들을 새로 사귄 느낌이다.

윗글을 쓴 어린이는 엘사와 피노키오, 피터 팬에게 동질감과 편안함을 느꼈습니다. 누구나 비슷한 경험을 해봐서 압니다. 현실의 친구 못지않게 책과 영화 속 캐릭터도 위안을 줍니다.

게다가 가상의 세계에는 마음에 맞는 친구가 훨씬 다양합니다. 곰돌이 푸, 해리 포터, 허마이어니(헤르미온느), 삐삐, 마틸다, 모글리, 미키 마우스, 스누피 등 수없이 많은 친구가 있지요. 책과 영화를 많이 접하고 이것에 대해 말하고 글을 쓰는 게 이런 친구들을 찾는 과정입니다. 특히 글쓰기가 효과적이죠. 가상의 친구와 자신과의 연관성 등을 깊이 살펴야 글로 표현할 수 있으니까요. 독서 감상문이나 영화 감상문을 쓰면 어린이에게 가상의 친구가 많이 생깁니다. 평생 함께할 친구들을 글쓰기가 소개해줍니다.

5

글을 쓰면
감정 조절 능력이 커진다

어린이의 작은 가슴속에도 화가 부글부글 끓어오릅니다. 화는 발톱이 날카로운 맹수와 같습니다. 다스리지 않으면 본인도 다치고 주변 사람도 상처를 입습니다. 이 난폭한 호랑이 같은 분노를 글쓰기로 달랠 수 있습니다.

예를 들어보겠습니다. 아래는 제 아이가 속이 많이 상했을 때 쓴 글입니다.

친구가 밀어서 넘어졌다. 짜증이 확 났다. 걔를 때려주고 싶었다. 머리에 혹을 만들어주면 내 속이 시원할 것 같았다. 나쁜 놈. 집에 가다가 세게 넘어져버려라. 정말 빡친다.

아이의 글에서 분노가 생생하게 느껴집니다. 아이가 정말 화가 났다면 이런 일기를 쓰도록 놔두세요. 부정적 감정을 글로 표현하기만 해도 마음이 조금 풀리니까요. 슬프면 슬프다고 쓰고 외로우면 외롭다고 적는 어린이가 자기감정을 잘 다루게 됩니다.

그런데 '나쁜 놈' '빡친다' '넘어져라'처럼 거칠고 부정적인 표현을 쓰는 건 함께 생각하고 이야기해보아도 좋겠습니다. 분노와 공격성을 직설적으로 표출하면 마음이 불편해지니까요. 나쁜 욕설을 뱉은 뒤 느끼는 찜찜함과 비슷하죠. 저는 아이에게 그런 표현을 줄이는 게 자신을 위해 좋다고 조언했습니다.

그런 다음 가치 판단을 하도록 도왔습니다. 어떤 경우에도 폭력은 나쁘다고 강조하였습니다. 밀어서 넘어뜨린 것은 폭력을 쓴 것이니 나쁜 행동이며, 폭력으로 보복하는 것도 옳지 않다고 일러줬죠. 아이가 납득하는 것 같아서 다시 쓰게 한 글에도 변화가 있었습니다.

> 친구가 밀어서 넘어졌다. 걔를 때려주고 싶었다. 하지만 참았다. 왜냐하면 폭력은 나쁘기 때문이다. 어리석은 그 아이에게 말해주고 싶다. "바보 같은 친구야. 남을 아프게 하는 건 나쁜 짓이란다."

아이는 폭력을 쓰는 행위가 나쁘고도 어리석은 것이라고 믿게 되었습니다. 저는 가치 판단 교육에서 나아가 자존감 수업을 했습니다. 친구에게 폭력을 쓰지 않았으니 아주 훌륭하다고 칭찬한 것입니다. 아이의 글은 한층 더 밝아졌습니다.

친구가 밀어서 넘어졌다. 화가 나서 때리고 싶었지만 참았다. 폭력을 쓰면 나쁘기 때문이다. 생각해보면 대단하다. 분노를 폭발하지 않고 꾹 참아버린 나는 정말 멋있다. 나는 나를 칭찬하고 싶다. 그런데 내가 선생님께 이르기는 했다. 친구는 선생님께 혼쭐나면서 많이 반성하는 것 같았다.

아이는 자부심을 느끼게 되었습니다. 자신을 높이 평가하며 기뻐하는 것으로, 달리 말해서 자존감이 높아졌습니다. 징벌이 무서워서가 아니라 높은 자존감이 허락하지 않아서 나쁜 행동을 거부한다면 이보다 이상적일 수 없습니다. 아이는 자신의 성장 가능성을 확인했을 것입니다.

그런데 제가 교훈을 일러주고 가르친 덕분에 아이가 깨우친 것은 아닙니다. 저의 제안을 숙고하고 글로 표현하는 과정에서 아이 스스로 가치 판단 능력과 자존감을 얻었다고 봐야 타당합니다.

글쓰기는 어린이의 가치 판단 능력을 키우고 자존감을 높입니다. 옳고 그름을 판별하고 자신의 소중함을 믿는 어린이는 부정적 감정에 휩쓸릴 확률이 낮습니다. 분노, 슬픔, 짜증 등의 감정도 잘 다루게 됩니다.

꼭 알아야 할
글쓰기 필수 기술 여덟 가지

제가 글쓰기를 가르친 어린이들의 궁금증은 비슷했습니다. 글 제목을 어떻게 정해야 좋은지, 또 문장과 문장은 어떻게 연결하는지 알고 싶어 했습니다. 글을 쓰다보면 이런 궁금증이 생기는 게 당연하죠. 그런데 친절하게 가르쳐주는 책이 많지 않습니다. 이번에는 글쓰기에 꼭 필요한 기술 여덟 가지를 가능한 한 구체적이고 상세히 설명합니다. 그 기술은 첫 문장을 쓰는 법, 문장을 짧게 쓰는 법, 문단 구성법 등을 포함합니다.

1

글 제목을
어떻게 정할까?

아이에게 글 제목의 역할을 알려줄 때 영화 제목이나 가게 간판을 예로
들어 설명하면 효과적입니다. 영화 제목에는 영화 내용의 핵심이 담겨
있습니다. 가령 제목이 '좀비가 공격한 날'이면 무시무시한 사건이 펼쳐
진다는 걸 예상할 수 있죠. 글 제목은 가게의 간판과도 같습니다. 간판을
보면 가게가 어떤 곳인지 알 수 있습니다. 상호가 '라면이 먹고 싶은 날'
이면 그곳은 라면을 파는 곳이지 빵을 파는 가게는 아닙니다.

　글 제목도 똑같습니다. 제목은 글의 내용을 앞서 알려줍니다. 나아
가 독자들은 글 제목을 보고 내용을 짐작하며, 읽을지 말지까지도 결
정합니다. 가게 간판을 보고 그곳에 갈지 말지를 결정하는 것과 비슷
합니다.

글 제목은 길잡이나 이정표 역할을 하는데, 이 중요한 글 제목을 정하기란 쉽지 않습니다. 초등학생만 그런 게 아닙니다. 전문 작가도 끙끙거리며 제목을 정합니다. 하지만 어떤 학생은 많은 이를 놀라게 하는 좋은 제목을 쉽게 붙입니다. 비결이 뭘까요? 좋은 제목의 조건을 알면 제목 정하기가 훨씬 쉬워집니다.

세 가지 조건을 갖춰야 좋은 제목입니다. 좋은 제목은 구체적이어야 하며, 글의 중요 내용을 알려줘야 하며, 재미있어야 합니다. '구체적, 중요한, 재미있는'이라고 아이에게 가르치면 됩니다.

제목은 구체적이어야 한다

'구체'와 '추상'은 어린이들이 어려워하지만 꼭 알아야 하는 개념입니다. 구체적으로 말한다는 건 쉽게 말해 콕 집어서 말하는 것입니다. 분명하다는 뜻이죠. 반대말은 추상입니다. 추상적이라는 건 애매하고 불분명하다는 뜻입니다.

추상적(애매하고 불분명한) 표현	구체적(콕 집어 분명한) 표현
거기, 네가 대답해볼래?	키가 174센티미터에 빨간 셔츠를 입은 네가 대답해볼래?
나는 우등생이 되고 싶다.	나는 국·영·수 과목에서 항상 100점만 받고 싶다. 나머지는 95점 이상이어야 하고.

구체적으로 말하면 듣는 사람이 뜻을 또렷이 알아들을 수 있습니다. 글 제목도 구체적이어야 해요. 예를 들어보겠습니다.

추상적 제목	구체적 제목
헬렌 켈러의 전기를 읽고	청각과 시각을 잃은 헬렌 켈러의 용기
이순신 장군의 전기를 읽고	이순신 장군의 애국심에 감동했다
국립중앙박물관을 방문하다	중앙박물관에서 만난 조상의 놀라운 지혜

내용을 구체적으로 표현한 제목이 좋습니다. 전하고 싶은 내용을 '콕 집어서' '분명하게' 밝히는 제목이 이상적입니다.

애매하고 불분명한 제목이 왜 나쁜지는 독자 입장에서 생각해보면 금방 알 수 있습니다. '헬렌 켈러의 전기를 읽고'라는 제목을 보고는 글 내용을 예상하기 어렵고 읽고 싶은 마음도 생기지 않습니다. '청각과 시각을 잃은 헬렌 켈러의 용기'는 다릅니다. 글의 내용을 구체적으로 짐작할 수 있고 읽고 싶어질 가능성이 비교적 큽니다.

많은 어린이가 추상적인 글 제목을 붙입니다. 좋은 글을 쓰고도 제목을 잘못 정해 아쉬움을 느낄 때도 있습니다. 독자 입장에서 생각해 보라고 시키면 아이 스스로가 문제점을 찾아낼 것입니다.

다만, 모든 글 제목이 구체적이어야 한다는 말은 아닙니다. 시와 소설 같은 문학작품의 경우에는 추상적인 제목이 얼마든지 가능하고 또 필요하기도 합니다. 보통 어린이들이 쓰는 글이라면 제목이 구체적일수록 좋다는 말씀을 드린 것입니다.

제목은 중요한 내용을 담아야 한다

좋은 제목의 두 번째 조건은 '중요성'입니다. 제목은 글의 중요 내용, 즉 핵심을 알려줘야 합니다. 사소한 내용을 쓸 필요가 없어요. 아래 예를 보면 무슨 뜻인지 금방 이해할 수 있을 겁니다.

사소한 내용을 담은 제목	중요 내용(핵심)을 담은 제목
돼지고기를 좋아한 이순신 장군	이순신 장군의 감동적인 애국심
입장료가 2천 원인 박물관에 갔다	박물관에서 조상의 지혜를 만났다

이순신 장군 전기의 감상문 제목이 '돼지고기를 좋아한 이순신 장군'이라면 전기 내용과 동떨어진, 다소 엉뚱한 제목이라 느끼는 독자가 많을 것입니다. 이순신 장군의 식성이 아닌 애국심과 리더십이 전기의 중요 내용입니다. 제목은 중요 내용을 담아야 합니다. 주변적이고 시시한 내용을 제목으로 쓰면 읽는 사람은 맥이 빠집니다(만일 이순신 장군의 식성을 연구한 글을 읽고 쓴 감상문이라면 제목을 '돼지고기를 좋아한 이순신 장군'이라고 붙여도 괜찮겠죠).

또 박물관에 견학을 다녀온 행위에서 입장료는 주요한 내용이 아닐 겁니다. 따라서 '입장료가 2천 원인 박물관에 갔다'는 다소 아리송한 제목입니다. 박물관에서 보고 느낀 것이 훨씬 중요한 내용이니까 이것을 제목에 담는 게 맞습니다.

제목은 재미있어야 한다

좋은 제목의 세 번째 조건은 '재미있어야 한다'입니다. 무작정 독자를 웃기라는 뜻이 아닙니다. 흥미나 호기심을 일으켜야 해요. 재미있는 제목은 글을 읽고 싶게 만들어요. 반대로 제목이 지루하면 글을 읽기 싫어집니다. 아래 제목들을 비교해보세요.

재미없는 제목	재미있는 제목
앨리스의 여행	이상한 나라의 앨리스
알리바바 이야기	알리바바와 사십 인의 도적

'앨리스의 여행'보다는 '이상한 나라의 앨리스'가 재미있어요. 이상한 나라에서 뭔가 재미있는 사건이 벌어질 것 같으니까요. '알리바바 이야기'는 눈길을 못 끌어요. 그런데 한두 명도 아니고 '사십 인의 도적'이면 큰일이 생긴 것 같아서 훨씬 흥미로워집니다.《이상한 과자 가게 전천당》《책 먹는 여우》《누가 내 머리에 똥쌌어?》처럼 인기 있는 책이나 이야기는 대부분 제목부터 재미있습니다.

정리해보겠습니다. 좋은 제목의 세 가지 조건입니다.

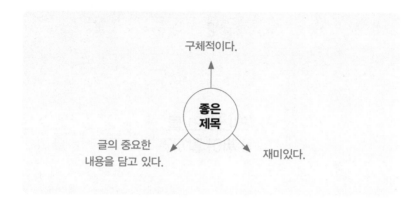

좋은 제목을 붙이는 일은 무척 어렵습니다. 전문 작가나 출판사 직원들도 수십 가지 제목을 놓고 갈등하고 고민합니다. 절대적으로 좋은 제목이란 없습니다. 달리 말해서 독특한 제목도 괜찮습니다. 이 사실을 강조해야 우리 아이가 글 제목 붙이기에 자신감을 갖습니다.

2

'왜냐하면'을
꼭 써야 할까?

어린이가 쓴 글에는 '왜냐하면'이란 표현이 자주 나옵니다. 이유를 밝힐 때 쓰는 중요한 부사인데, 정확한 용법을 잘 모르는 어린이가 많지 않습니다. '왜냐하면'이 필수인 경우가 있고 선택일 때도 있습니다. 이것을 구별하게 도와야 합니다.

먼저 근본적인 문제를 묻겠습니다. 우리는 왜 글을 쓸까요? 안내문이나 제품 매뉴얼처럼 정보 전달이 목적인 경우도 있지만, 어린이가 쓰는 글은 주로 두 가지를 표현합니다. 바로 감정과 의견입니다.

이때 감정을 표현하는 글에는 이유가 있어도 괜찮고 없어도 괜찮습니다. '좋다' '싫다' '기쁘다' '슬프다'라고 쓸 때는 이유가 있거나 없거나 아무렇지 않은 것이죠. 다시 말해서 '왜냐하면'이 선택입니다. 한

편 의견(주장)을 말할 때는 이유를 밝혀야 합니다. '왜냐하면'이 필수입니다.

먼저 감정 표현 글을 살펴보죠.

① 나는 빨강을 좋아한다. 왜인지는 모르겠지만 괜히 마음이 간다.
② 나는 빨강을 좋아한다. 왜냐하면 빨강이 마음을 뜨겁게 하기 때문이다.

①에는 이유가 없고 ②에는 이유가 있습니다. 둘 다 괜찮아요. '좋아한다'는 건 감정이니까 이유 설명이 있거나 없거나 괜찮습니다. 즉 '왜냐하면'이 있거나 없거나 상관없는 것이죠. 아랫글도 마찬가지입니다.

① 나는 엄마를 사랑한다. 왜냐하면 나를 사랑해주시기 때문이다.
② 나는 엄마를 사랑한다. 이유는 없다. 엄마니까 무조건 사랑하는 거다.

①에는 '왜냐하면'이 있고 ②에는 없어요. 이유를 밝혀도 되고 아니어도 좋아요. 사랑한다는 감정을 표현하는 글이니까 이유는 있거나 없거나 괜찮은 거죠.

반면 주장을 표현하는 글은 다릅니다. 이유가 꼭 필요합니다.

나는 어른도 어린이에게 예의를 지켜야 한다고 생각한다. 이유는 모르겠다.

의견을 말하는 글이니까 이유가 필요해요. '왜냐하면 ~이다'라는 이유(근거)가 없으면 글이 엉성해 보일 가능성이 큽니다. 이렇게 고치면 됩니다.

나는 어른도 어린이에게 예의를 지켜야 한다고 생각한다. 왜냐하면 어린이도 존중받아야 할 인격체이기 때문이다.

또 다른 예를 볼게요.

다음 주에는 폭우가 쏟아질 거야. 이유는 모르겠어.

웃긴 글입니다. 농담처럼 들립니다. '왜냐하면 ~이다'가 없어서 '허무 개그'처럼 우스워졌어요. 의견(주장)을 말한다면 '왜냐하면'이 필수입니다. 아래처럼 고치는 게 낫습니다.

다음 주에는 폭우가 쏟아질 거다. 왜냐하면 태풍이 올라오기 때문이다. TV 뉴스에서 이 소식을 들었다.

'왜냐하면'을 꼭 써야 할 때와 생략 가능한 경우를 구별하는 능력이 필요합니다. 언제나 '왜냐하면 ~이다'라고 쓸 필요는 없습니다.

'왜냐하면'을 계속 반복하면 글이 재미없어집니다. 다른 말로 대체하도록 일러주면 더 좋은 글이 됩니다. '왜냐하면'을 대신해 쓸 수 있는 표현으로는 '이유는'이나 '까닭은' 등이 있습니다.

나는 모두가 서로에게 예의를 지켜야 한다고 생각한다. 이유는(=왜냐하면) 모든 사람이 존중받아야 할 인격체이기 때문이다.

다음 주에는 비가 많이 올 것이다. 까닭은(=왜냐하면) 태풍이 올라오기 때문이다.

3

문단을
어떻게 써야 할까?

이번에는 문단을 쓰는 방법에 대해 이야기하겠습니다. 문단을 구성하는 원칙은 두 가지입니다. 첫 번째 원칙, 한 문단은 중심 문장과 뒷받침 문장들로 구성됩니다. 두 번째 원칙, 문단 하나에는 중심 문장이 하나만 있어야 합니다. 어린이들이 어려워하는 내용인데요, 그래도 문제없습니다. 재미있는 예를 들어 설명하면 누구나 쉽게 이해할 수 있습니다.

먼저 문단이 중심 문장과 뒷받침 문장들로 구성된다는 원칙을 설명하겠습니다. '딴지 거는 문장', 즉 문맥을 방해하는 문장이 있어서는 안 됩니다. 꽤나 혼란스러운 글을 예로 들어보겠습니다.

부모님은 사랑하는 자녀를 꾸짖어서는 안 된다. 혼나는 아이는 슬퍼지기 때문이다. 또 자신감도 잃어버린다. 게다가 혼내면 아이가 단점을 고친다. 부모는 자녀를 사랑으로 보살펴야 한다.

읽기만 해도 어지러워지는 글입니다. 어느 부분에서 혼란을 느꼈나요? 바로 '혼내면 아이가 단점을 고친다'가 문제입니다. 이 문장이 글의 흐름을 끊었고 문단을 혼란스럽게 만들었습니다.

초등학교 3학년 때부터 한 문단에는 중심 문장과 뒷받침 문장이 있다고 배웁니다. 중심 문장은 중요한 의견을 표현하고, 뒷받침 문장들은 중심 문장을 도와줍니다. 위의 예문을 분석해보겠습니다.

① 부모님은 사랑하는 자녀를 꾸짖어서는 안 된다.

② 혼나는 아이는 슬퍼지기 때문이다.

③ 또 자신감도 잃어버린다.

④ 게다가 혼내면 아이가 단점을 고친다.

⑤ 부모님은 자녀를 사랑으로 보살펴야 한다.

중심 문장은 ①이에요. '부모가 자녀를 꾸짖지 말아야 한다'는 중심 생각을 담았어요. ②와 ③은 뒷받침 문장이에요. 왜 혼내서는 안 되는지 설명하면서 중심 문장을 도와줍니다. 그런데 난데없이 ④가 나타났어요. 혼내야 좋다는 내용의 문장으로 중심 생각과 완전히 반대 의미죠. 뒷받침하는 문장이 아니라 방해하는 문장이에요. ④ 때문에 문단이 엉망이 되었어요. ④가 없어야 의미가 명료한 문단이 됩니다. ④를 지

〈중심 문장〉 부모님은 사랑하는 자녀를 꾸짖어서는 안 된다

〈뒷받침 문장 1〉 맞아! 야단 맞으면 슬퍼!　　　

〈뒷받침 문장 2〉 맞아! 자신감도 잃어.　　　

〈방해하는 문장〉 아니야! 혼내면 아이가 단점을 고쳐.

우고 읽어보세요.

　중심 문장과 방해하는 문장을 같은 문단에 쓰지 말아야 합니다. 중심 문장과 이에 충직한 뒷받침 문장으로 구성해야 문단의 짜임이 좋아집니다.

　문단 짜임의 두 번째 원칙도 기억해야 합니다. 문단 하나에는 중심 문장이 하나만 있어야 합니다. 역시 혼란스러운 예를 들어보겠습니다.

　부모님은 사랑하기 때문에 간섭을 한다고 말씀하신다. 하지만 사랑하면 간섭을 줄여야 한다. 이래라저래라 시키면 아이는 기분이 좋지 않다. 또 꼭 두각시 인형처럼 자율성을 잃는다. 무엇보다 부모님은 맛있는 음식을 많이 해줘야 한다. 아이들은 학교에서 공부하느라 에너지가 필요하다.

　위 문단은 중심 문장이 두 개여서 혼란스러워요. '간섭하지 말아야 한다'와 '맛있는 음식을 많이 해줘야 한다'라는 서로 다른 두 주장이 한 문단에 있습니다. 두 중심 문장의 의미가 충돌하기 때문에 의미가

혼재되어 읽는 사람은 정신이 없어요.

한 문단에는 중심 문장이 하나만 있어야 해요. 그래야 글쓴이의 생각을 정확하게 전달할 수 있습니다. 따라서 문장을 고쳐야 합니다. '부모님은 맛있는 음식을 많이 해줘야 한다'를 새로운 문단에 쓰는 것입니다. 줄(행)을 바꿔 음식 이야기를 시작하면 됩니다.

부모님은 사랑하기 때문에 간섭을 한다고 말씀하신다. 하지만 사랑하면 간섭을 줄여야 한다. 이래라저래라 시키면 아이는 기분이 좋지 않다. 또 꼭 두각시 인형처럼 자율성을 잃는다.

그리고 부모님은 맛있는 음식을 많이 해줘야 한다. 아이들은 학교에서 공부하기 위해 에너지가 필요하다. 음식을 많이 먹지 않으면 공부 스트레스를 버틸 수가 없다. 간섭보다 더 견디기 힘든 게 배고픔이다.

① 한 문단에는 중심 문장이 하나만 있어야 합니다.
② 새로운 중심 문장을 쓰고 싶다면 다른 문단을 만들면 됩니다.
③ 줄(행)을 바꾸면 새로운 문단이 시작됩니다.

한 문단에는 중심 문장 하나와 뒷받침하는 문장들이 있습니다. 문단을 읽으면서 어느 것이 중심 문장이고 어느 것이 뒷받침하는 문장인지 구별하려 노력하다보면 글의 뜻을 훨씬 수월하게 이해할 수 있습니다. 이 과정에서 어린이의 글쓰기 실력뿐만 아니라 독해력도 좋아집니다.

4

흐름이 뒤죽박죽인 글을
어떻게 고칠까?

글을 쓰면 마음이 정돈됩니다. 태풍 속 나무처럼 요동치던 마음이 호수처럼 고요해져요. 저는 마음이 복잡하면 글을 씁니다. 10분이나 20분만 글을 쓰면 신기하게도 걱정이 사라집니다. 글을 읽어도 마찬가지입니다. 어지러운 마음이 정돈되고 무의미한 시름에서도 벗어나게 되죠. 글은 마음을 안정시키는 명약입니다.

반대의 경우도 있습니다. 몇 줄의 글이 마음을 뒤집어놓기도 합니다. 아래는 《피터 팬》의 두 가지 도입부입니다. 읽으면 혼란스러워지는 도입부를 골라보세요.

① 웬디의 집 위를 한 소년이 날고 있었다. 피터 팬이었다. 그는 자기 그림

자를 찾으러 왔다. 웬디가 반갑게 웃으며 그에게 인사했다.

② 웬디의 집 위를 한 소년이 날고 있었다. 후크 선장과 악어는 싸우고 있었다. 피터 팬은 후크 선장을 여러 번 만났다. 웬디가 반갑게 웃으며 그에게 인사했다.

①은 문장끼리 연결이 매끄럽습니다. 반면 ②는 정신없는 글입니다. 문장 연결이 엉망입니다. 첫 번째 문장에는 소년이 나왔는데, 두 번째 문장에서 갑자기 후크 선장이 튀어나와 연결이 깨집니다. 웬디가 누구에게 인사하는지도 헷갈립니다. 읽는 사람의 정신을 뒤집어놓는 산만한 글이죠.

어린이들은 ②처럼 혼란스럽고 어지러운 글을 흔히 씁니다. 문장들의 의미가 단절된 글을 어떻게 수정해야 할까요? 네 가지 방법을 알려드릴게요.

연결 낱말 활용하기

여러 문장을 부드럽게 연결하는 첫 번째 방법은 '연결 낱말 활용하기'입니다(참고로 말씀드리자면 '연결 낱말'은 교과서나 다른 책에는 없을 겁니다. 제가 지어낸 표현이니까요). 앞선 예시에서 ①을 매끄럽게 읽을 수 있는 이유는 무엇일까요? '연결 낱말'이 있기 때문입니다.

피터 팬(=소년=그)이 모든 문장에 있는 게 보이시죠? 피터 팬이 바로 연결 낱말입니다. 문장들 속에 이런 연결 낱말이 있으면 문장 연결

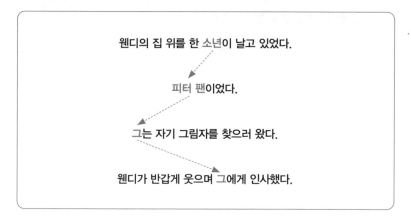

웬디의 집 위를 한 소년이 날고 있었다.

피터 팬이었다.

그는 자기 그림자를 찾으러 왔다.

웬디가 반갑게 웃으며 그에게 인사했다.

이 매끄러워집니다.

반면 ②에서는 연결 낱말이 무엇인지 알 수 없어요. '소년→후크→악어→피터 팬→그'로 정신없이 왔다 갔다 합니다. 연결 낱말이 보이지 않으니 문장 간 연결이 부드럽지 않고 읽는 사람의 머리속이 혼란스러워집니다.

연상 활용하기

문장을 부드럽게 연결하는 두 번째 방법은 '연상 활용하기'입니다. 가령 '장미'를 생각하면 '향기'라는 낱말이 저절로 떠오릅니다. '황금'을 생각하면 '부자'가 연상되고 '학원'을 생각하면 '숙제'가 저절로 생각납니다. 예를 들어볼게요. 아래에서 어느 문장이 어색한가요?

① 장미꽃이 피었다. 향기가 좋다.

② 장미꽃이 피었다. 배가 고팠다.

①은 괜찮습니다. '장미' 하면 '향기'가 떠오르니까 두 문장 연결이 자연스러워요. ②는 어색합니다. '장미'를 보고 '배고프다'는 안 떠올라요. 연상이 쉽게 안 되는 것이죠. 이럴 때 문장 연결이 어색해집니다.

① 뒷마당에서 황금이 발견되었다. 우리 가족은 이제 부자다.

② 뒷마당에서 황금이 발견되었다. 장미꽃이 피었다.

①에서 '황금'으로는 '부자'가 쉽게 연상되니까 문장 연결이 자연스러워요. 반면 ②는 어색하죠. 황금과 장미꽃은 아무런 관계가 없기 때문입니다. ①처럼 연상을 이용해서 문장을 연결하면 자연스러워집니다(물론 문학작품에서는 연상 관계를 얼마든지 깰 수 있습니다. 광고 카피에서도 마찬가지입니다. 저는 일반적인 어린이 글에 대해 설명하고 있습니다).

비슷한 표현으로 연결하기

부드러운 문장 연결의 세 번째 방법은 '비슷한 표현으로 연결하기'입니다. 비슷한 낱말을 연달아 쓰는 방법입니다.

나는 과일을 좋아한다. 바나나가 가장 좋다. 사과도 좋아한다. 또 피자도 맛있고 딸기도 맛있다.

읽어보면 좀 이상합니다. 네모 바퀴 자동차를 타고 달리는 것처럼 덜컹거리는 느낌이 들어요. 왜 그럴까요?

'과일→바나나→사과→딸기'로 이어졌다면 연결이 매끄러운 글이 되었을 것입니다. 제시된 단어가 모두 과일이라는 공통점으로 묶이니까요. 그런데 중간에 이질적인 요소가 끼어 있어요. 바로 '피자'입니다. 앞선 과일과 달리 전혀 다른 종류의 가공식품이 있으니까 연결이 깨지는 것이죠. 피자를 문장에서 과감히 빼야 해요.

이어주는 말을 활용하기

네 번째 방법은 '이어주는 말 활용하기'입니다. 두 문장을 매끄럽게 잇는 데 유용한 것이 바로 '이어주는 말'입니다. '그리고' '그래서' '하지만' '그런데' '그러므로' 등을 쓰면 문장을 쉽게 연결할 수 있어요.

- 피터 팬은 착하다. 하지만 후크 선장은 나쁘다.
- 강아지는 있다. 그리고 고양이도 있다.
- 피터 팬은 하늘을 난다. 그런데 후크 선장은 날지 못한다.

주의할 점이 있습니다. '이어주는 말'을 너무 많이 쓰면 정신없는 글이 됩니다.

피터 팬은 작다. 하지만 후크 선장은 크다. 그런데 피터 팬은 날 수 있다. 그리고 빠르다. 그렇지만 후크 선장은 날지 못한다. 그러나 강하다.

윗글에서 불필요한 '이어주는 말'을 과감히 빼보세요. 뜻은 그대로 통하면서 글이 간결해집니다.

피터 팬은 작다. 후크 선장은 크다. 피터 팬은 날 수 있고 빠르다. 후크 선장은 날지 못하지만 강하다.

① 앞 문장과 뒤 문장에 같은 '연결 단어'를 씁니다.
② 연상되는 낱말을 이용합니다.
③ 비슷한 범주의 낱말들을 이어서 씁니다.
④ '이어주는 말', 즉 '그러나' '하지만' 등을 적절하게 씁니다.

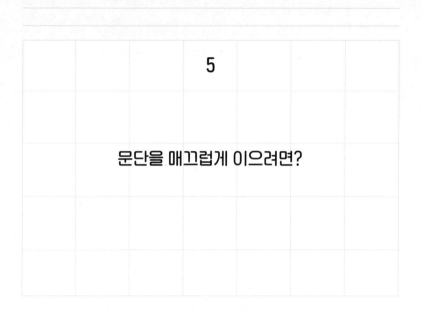

5

문단을 매끄럽게 이으려면?

글을 구성하는 요소로 네 가지가 있습니다. 낱말, 문장, 문단, 글이 그것입니다. 여러 낱말이 모여서 문장이 되고 여러 문장이 모여서 문단이 됩니다. 또 문단 여러 개가 모이면 글이 되지요. 쉽게 이해할 수 있도록 예를 들어볼게요.

토끼 낱말 + 거북 낱말 + 이기다 낱말

낱말들이 모여서 문장이 된다.

토끼가 거북을 이겼다. 문장

문장들이 모여서 문단이 된다.

그동안 토끼가 거북을 이겼다. 달리기 시합에서 연달아 세 번이나 이겼다. 그런데 아주 중요한 경기에서 졌다. 토끼가 중간에 낮잠을 잤기 때문이다. 문단

문단들이 모여서 글이 된다.

그동안 토끼가 거북을 이겼다. 달리기 시합에서 연달아 세 번이나 이겼다. 그런데 아주 중요한 경기에서 졌다. 토끼가 중간에 낮잠을 잤기 때문이다. 문단 1

왜 토끼는 경주 중 잠들었을까? 거북을 아주 쉽게 이길 수 있다고 자신했기 때문이다. 토끼 생각에는 거북에게 지는 것이 불가능했다. 뒤처지더라도 곧 따라잡을 수 있다고 믿어 의심치 않았다. 토끼는 오만해서 진 것이다. 문단 2

반면 거북은 겸손했다. 쉬지 않고 최선을 다했다. 상대가 앞서거나 말거나 신경 쓰지 않았다. 잠자는 토끼를 보고도 마음을 놓지 않았다. 거북은 겸손한 자세로 끝까지 최선을 다한 덕에 이겼다. 문단 3

이 이야기는 아주 중요한 교훈을 준다. 아무리 자신 있어도 최선을 다해야 한다는 것이다. 방심하면 뜻밖에 패배할 수 있다. 문단 4

50

문단과 문단을 부드럽게 연결하는 것이 중요합니다. 간편하게 연결하는 방법은 '연결하는 말'을 쓰는 것입니다. '연결하는 말'에는 '그리고' '그런데' '하지만' 등이 있죠.

간단한 예시를 통해서 익혀볼게요. ①~④번 중에 문단1 과 문단2 두 문단을 자연스럽게 연결하는 표현은 어느 것인가요?

> 토끼는 아주 빠르다. 달리기로 토끼를 이길 동물은 숲속에 많지 않다. 토끼는 작지만 잽싸게 뛰어서 위기를 모면할 수 있다. 문단1

① 그리고 ② 그럼에도 불구하고 ③ 반면 ④ 하지만

> 거북은 느리다. 거북보다 느린 동물은 거의 없다. 거북은 아주 느리게 걸어가면서 세상 구경을 한다. 문단2

①과 ②는 어색해요. ③ '반면'이 토끼와 거북의 대조적인 특성을 연결해줄 말로 가장 잘 어울립니다. ④ '하지만'을 써도 괜찮고요.

아래 예문의 ①~④번 중에 문단1 과 문단2 를 적절하게 잇는 표현은 어느 것인가요?

> 외계인들이 지구를 침공했다. 그들은 숫자가 많았고 무기도 첨단이었다. 우리가 이길 확률은 거의 없었다. 문단1

① 그래서 ② 그러므로 ③ 그럼에도 불구하고 ④ 그렇지만

우리는 포기할 수 없었다. 왜냐하면 인류를 사랑했기 때문이다. 끝까지 싸워 지구를 지키기로 우리는 결심했다. 문단2

③과 ④가 어울립니다.

마지막으로 아래 문단1 과 문단2 를 적절하게 연결해줄 표현을 골라 보세요.

그는 성격이 좋았다. 직업도 좋아서 벌이도 괜찮았다. 얼굴도 준수한 편이었고 예의 바른 사람이었다. 문단1

① 말하자면 ② 그럼에도 ③ 게다가 ④ 그뿐 아니라

그는 요리도 잘했다. 한식 중식 일식 양식 가리는 것 없이 모두 잘했다. 요약하면 그는 완벽했다. 친구들이 부러워하거나 질투할 수밖에 없었다. 문단2

①과 ②는 어색하고, ③과 ④ 중에서 하나를 골라 쓸 수 있습니다.

6

첫 문장 쓰기가 어렵다면?

'시작이 반'이라는 말처럼 글쓰기에 잘 어울리는 말도 많지 않습니다. 글쓰기는 시작이 어려운데 시작만 하면 절반을 해낸 것이나 마찬가지입니다. 좀 더 정확하게 말하면, 첫 문장을 쓰는 게 글쓰기에서 중요하고도 어려운 일입니다.

첫 문장을 어떻게 써야 할까요? 세 가지 방법이 있어요. 첫 번째는 '요약'입니다. 글로 쓸 내용을 첫 문장에 미리 요약하는 것입니다.

- 오늘 미녀와 야수를 읽었다. 감동적이었다. (…)
- 가족들과 제주도 여행을 다녀왔다. 재미있었다. (…)

두 번째로 속담이나 사자성어로 시작할 수 있어요.

- 닭 잡아먹고 오리발 내민다는 속담이 있다. 오늘 동생이 그렇게 시치미를 뗐다. (…)
- 전화위복이라는 말이 있다. 나쁜 일이 나중에는 좋은 일로 변한다는 뜻이다. 오늘 나의 하루는 전화위복이었다. 아침에 지각을 해서 야단맞았는데 (…)

세 번째로는 질문을 던지면서 글을 시작할 수도 있어요.

- 왜 사람들은 거짓말을 할까? (…)
- 왜 공부를 해야 할까? (…)

아이도 위의 세 가지 방법을 알 것입니다. 다른 책에서도 많이들 설명하는 내용이니까요.

네 번째 방법도 있습니다. 제가 고안한 것으로 간단히 표현하면 이렇습니다.

핵심 정리
자기감정과 생각을 뚜렷하게 나타내면 훌륭한 첫 문장이 됩니다.

예를 들어볼게요. 다음 중 어느 것을 첫 문장으로 쓰면 좋을까요?

① 오늘 친구를 만났다. (…)

② 오늘 내가 가장 좋아하는 친구를 만났다. (…)

②가 더 낫습니다. 다음에 나올 내용을 더 궁금하게 만들기 때문입니다. "가장 좋아하는"이라고 했는데, 왜 그렇게 그 친구를 좋아하는지 궁금해서 글을 계속 읽게 될 겁니다. ②처럼 감정을 강하게 표현하면 독자가 글에 빨려드는 것이죠.

아래 두 문장 중에서는 어느 게 더 흥미롭나요?

① 오늘 영화를 봤다. (…)

② 나의 12년 인생에서 최악인 영화를 보고 말았다. 왜 최악이냐 하면 (…)

①보다는 ②를 읽을 때 호기심이 많이 생겨요. 그 영화가 싫은 이유가 뭔지 알고 싶어져요. 자기감정이나 생각을 강하게 드러낸 ②가 첫 문장에 딱 어울립니다.

이번에는 어떤 문장이 첫 문장으로서 더 적합해보이나요?

① 《피터 팬》을 읽었다.

② 어제 읽은 《피터 팬》 때문에 아직도 가슴이 뛴다.

②가 흥미를 유발하는 첫 문장입니다. '가슴이 뛴다'라는 뜨거운 감정 표현 때문에 더 솔깃합니다.

아이가 첫 문장에서 자기감정과 생각을 선명하게 표현하도록 이끌

내 감정을 또렷하게 표현하기:
오늘 인생 최고의 영화를 봤다.

요약으로 시작하기:
오늘 세종대왕 전기를
읽었다.

첫 문장
쓰는 방법

속담이나
사자성어로 시작하기:
'타산지석'이라는
사자성어가 있다.

질문으로 시작하기:
어떤 사람이 좋은 사람일까?

어보세요. 아이가 더욱 재미있는 글을 쓸것입니다.

그런데 주의해야 할 것이 있어요. 첫 문장은 약속입니다. 약속을 꼭 지켜야 합니다. 예를 들어서 친구가 이렇게 말했다면 어떨까요?

얘들아. 내가 재미있는 이야기를 해줄게. 어제 선생님이 독서록 숙제를 내 주셨지? 숙제를 안 한 사람 있니?

듣는 친구들은 어리둥절해지겠죠. 재미있는 이야기를 기대했는데 전혀 딴소리를 들으니 속았다는 느낌까지 들 수 있어요.

반면에 아래 《인어공주》 감상문은 독자에게 어리둥절함이나 배신 감을 불러일으키지 않습니다.

《인어공주》는 원래는 슬픈 이야기다. 디즈니 만화영화에서는 왕자가 인 어공주와 행복하게 살았다. 그런데 안데르센의 원작에서는 인어공주가 왕자와 결혼하지 못하고, 물거품이 되어서 사라져버린다.

원래는 슬픈 이야기라고 앞에 말하고 그 이유까지 성실하게 밝혔으니, 매끄럽게 읽힐 가능성이 더 커집니다.

7

문장을 단순화하는
방법은 뭘까?

머릿속이나 마음속이 혼란스럽지 않고 단순명쾌한 아이가 더 행복합니다. 복잡한 인생보다 단순한 인생이 훨씬 마음 편합니다.

글도 마찬가지죠. 복잡하지 않고 단순한 글이 읽기 편합니다. 그런데 글을 단순하게 쓰는 일은 쉽지 않습니다. 어린이가 쓴 글 가운데서도 복잡한 글을 쉽게 찾아볼 수 있습니다. 예를 들면 이런 식입니다.

《피노키오》를 봤는데 신기하고 화가 났고 다행이었다. 인형이 움직이고 말도 했는데 제페토 할아버지가 만든 인형이 피노키오다. 피노키오는 학교에 무단결석하는 등 일탈했지만 나중에는 지켜야 할 것을 지키는 아이가 되었다.

무슨 뜻인지 이해하기 어려운 글입니다. 복잡하고 혼란스럽습니다. 어떻게 고칠 수 있을까요? 중요한 글쓰기 원칙을 하나 소개합니다.

 핵심 정리

하나의 문장에는 하나의 생각만 담아야 합니다.

가능하면 한 문장에 하나의 생각만 담아야 해요. 하나의 문장에 여러 생각을 욱여넣으면 읽기 괴로운 글이 됩니다. 가령 친구가 작별 인사를 하는 상황을 가정해 쓴 예문을 살펴볼게요.

① 오늘 재미있었는데 내일 만나서는 밥도 같이 먹고 더 재미있게 놀자.
② 오늘 재미있었어. 내일 또 만나자. 내일은 밥도 같이 먹고 더 재미있게 놀자.

어느 쪽이 읽기 편한가요? ①은 한 문장에 여러 생각이 들어 있어요. 전하고자 하는 바를 파악하기 쉽지 않아요. ②는 문장 세 개에 각각 하나의 뜻이 담겨 있어서 비교적 이해하기 쉽습니다.

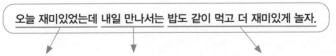

앞서 소개한 《피노키오》 감상문도 고칠 수 있어요. 하나의 문장에 하나의 생각만 담는다는 걸 기억하세요.

수정 전

《피노키오》를 봤는데 신기하고 화가 났고 다행이었다. 인형이 움직이고 말도 했는데 제페토 할아버지가 만든 인형이 피노키오다. 피노키오는 학교에 무단결석하는 등 일탈했지만 나중에는 지켜야 할 것을 지키는 아이가 되었다.

수정 후

《피노키오》는 신기한 이야기다. 나무로 만든 인형이 말도 하고 움직여서 깜짝 놀랐다. 《피노키오》를 읽으면서 화도 났다. 피노키오가 학교에 무단결석하는 등 일탈하는 장면에선 정말 답답하고 안타까웠다. 하지만 다행이었다. 나중에는 지켜야 할 것을 지키는 아이가 되었기 때문이다.

"신기하고 화가 났고 다행이었다"라는 표현을 수정하는 게 좋겠습니다. 한 문장에는 한 생각만 담아야 해요. '신기했다. 왜냐하면 ~때문이다. 화가 났다. ~했기 때문이다. 그래도 다행이었다. ~했다'로 분할

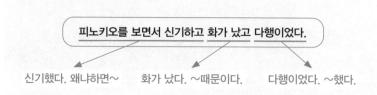

피노키오를 보면서 신기하고 화가 났고 다행이었다.

신기했다. 왜냐하면~   화가 났다. ~때문이다.   다행이었다. ~했다.

해서 쓰면 글의 뜻이 단순 명쾌해집니다.

글을 쓰면 복잡한 머릿속이 싹 정리됩니다. 한 문장에 하나의 생각만 담는 거예요. 달리 말해서 한 번에 하나의 생각만 표현하는 거죠. 그러면 복잡한 생각에서 벗어날 수 있어요. 머리가 맑아집니다. 글을 쓴다는 건 우리 마음을 정리하는 것과 같아요.

마음이 정리되면 행복한 사람입니다. 생각이 단순 명쾌하고 말과 글도 시원시원한 사람이 행복합니다. 글쓰기가 우리 아이들을 행복하게 만들 수 있습니다.

8

호응 관계가 틀린 문장을
어떻게 고쳐야 할까?

아이의 글에서 호응이 틀린 문장을 발견할 때도 있습니다. 호응이 틀렸다는 건 '문장 성분끼리 서로 어울리지 않는다'는 뜻입니다. 즉 주어와 서술어, 목적어와 서술어, 부사와 서술어 등이 조화를 이루지 못하면 호응이 틀린 표현입니다. 어렵게 느껴질 수 있지만 예와 함께 살펴보면 쉽게 이해할 수 있습니다.

주어와 서술어 호응 문제

다음은 한 어린이가 쓴 문장입니다. 무엇이 문제일까요?

나의 장점은 친구들에게 재미있는 이야기를 많이 합니다.

뭔가 어색해요. "나의 장점은"(주어)과 "많이 합니다"(서술어)가 어울리지 않습니다. 이런 걸 호응이 맞지 않는다고 하죠. 아래의 두 문장 중 하나로 고쳐야 맞습니다.

① 나의 장점은 친구들에게 재미있는 이야기를 많이 한다는 것입니다.
② 친구들에게 재미있는 이야기를 많이 하는 게 나의 장점입니다.

아래 문장이 어색하다는 것도 쉽게 알 수 있습니다.

우리가 친한 이유는 미술 학원에 같이 다니면서부터다.

"이유는"이라고 인과를 밝히는 표현을 썼는데 "다니면서부터다"라는 시기 관련 표현으로 끝맺습니다. 주어와 서술어의 호응이 맞지 않는 문장입니다. '우리는 미술 학원에 같이 다녔기 때문에 친하다'로 고치는 게 좋습니다. '우리는 미술 학원에 같이 다니면서부터 친해졌다'도 문제없고요.

아래 문장은 어디가 틀렸을까요? 이번에는 조금 어렵습니다.

나는 감기에 걸려서 기침을 심하게 했고 친구에게 옮겼다.

어디가 틀렸는지 금방 알기는 어렵지만, 논리를 따져보면 문제가 풀립니다. 친구에게 뭐를 옮겼다는 걸까요? 기침을 옮겼다는 뜻은 아닐 겁니다. "옮겼다"의 목적어가 빠져 있습니다. '친구에게 감기를 옮겼다'라고 써야 맞습니다.

> 나는 감기에 걸려서 기침을 심하게 했고 친구에게 감기를 옮겼다.

부사어와 서술어 호응 문제

이번에는 부사어와 서술어의 호응 문제입니다.

> 나는 결코 너를 잊을 거야.

"결코" 뒤에는 부정하는 의미의 서술어가 와야 합니다. "잊지 않을 거야"가 "결코"와 어울립니다.

높임 표현 호응 문제

높임 표현의 호응도 중요합니다. 다음 문장들 중에서 옳은 표현은 어느 것인가요?

> ① 영서야, 선생님이 오래.

② 영서야, 선생님이 오시래.

③ 영서야, 선생님이 오라셔.

③번이 맞습니다. 하나하나 뜻을 살펴보면 이렇습니다.

① **영서야, 선생님이 오래.** (= 네가 오라고 선생님이 말한다.)

② **영서야, 선생님이 오시래.** (= 네가 오시라고 선생님이 말한다.)

③ **영서야, 선생님이 오라셔.** (= 네가 오라고 선생님이 말씀하신다.)

호응이 맞지 않으면 글이 엉성해 보입니다. 그런데 호응에 맞는 글을 쓰는 게 쉽지만은 않습니다. 책이나 신문은 물론이고 교과서에도 호응이 틀린 문장이 나옵니다.

독서를 많이 하며 내용을 습득해 호응 실수를 피할 수 있겠지만 문제를 풀며 주의를 환기하는 방법도 도움이 됩니다.

3

마음을 움직이는
글쓰기 기법

이번 장에서는 마음을 움직이는 글쓰기 기법을 설명합니다. 은유법, 직유법, 의인법, 과장법, 예시가 그것입니다.

같은 말이라도 은유하고 직유하고 의인화하고 과장하면 뜻이 또렷해져서 상대방의 마음을 쉽게 움직일 수 있습니다. 예시도 은유법 등을 비롯한 수사법처럼 글의 주장을 선명하게 만들어 독자의 마음을 움직이는 데 도움을 줍니다.

강압이나 읍소로 사람 마음을 움직일 수는 없습니다. 다양한 수사법을 활용해 상대를 설득할 수 있는 어린이의 내면에는 자신감이 가득할 것입니다. 쉽게 말하면 말 잘하고 글 잘 쓰는 어린이가 자신을 더 잘 믿는다는 것이죠. 글 읽기와 글쓰기 교육이 우리 아이에게 자신감을 선물합니다.

1

은유법과 직유법, 생생한 이미지를 남긴다

비유법을 쓴 글은 생생한 느낌이 가득합니다. 비유법은 A를 B에 빗대어 표현하는 기법입니다. 가령 인생을 마라톤에 비교하고, 시간을 황금과 동일시해서 설명하는 기법입니다.

비유법에는 종류가 많습니다. 은유법, 직유법, 의인법, 활유법, 대유법, 의태법 등이 있는데, 초등학생이 학교에서 배우는 것은 은유법, 직유법, 의인법 세 가지입니다. 그중에서 서로 비슷한 은유법과 직유법을 묶어서 먼저 설명하겠습니다. 둘을 간단히 정의하면 아래와 같습니다.

은유 = 무엇은 무엇이다

직유 = 무엇은 무엇과 같다

예를 들어보죠.

① 시간은 소중하다. 비유가 없는 문장

② 시간은 황금이다. 비유가 있는 문장: 은유 활용

③ 시간은 황금과 같다. 비유가 있는 문장: 직유 활용

①은 비유가 없는 문장이에요. 시간을 그 무엇에 빗대거나 비교하지 않았어요. ②와 ③은 비유가 있어요. 모두 시간을 황금에 비유했어요. 하지만 둘은 분명히 달라요. ②처럼 '~이다'라고 비유하면 은유이고 ③처럼 '~같다'라고 비유하면 직유입니다.

① 나는 슬프다. 비유가 없는 문장

② 나의 슬픔은 깊은 바다이다. 비유가 있는 문장: 은유 활용

③ 나의 슬픔은 깊은 바다와 같다. 비유가 있는 문장: 직유 활용

①은 비유가 없는 문장이에요. 슬픔을 무엇에 빗대지 않고 간접적으로 표현했어요. ②와 ③은 비유법을 쓴 문장입니다. ②는 '~이다'라고 했으니 비유법 중에서 은유법을 쓴 문장입니다. 그리고 ③에서 '같다'가 보이죠? '같다'나 '처럼'이 있으면 직유법입니다.

비유법은 마음을 생생하게 전한다

왜 은유와 직유를 써서 표현할까요? 아이가 왜 이런 표현을 배워야 할까요? 마음을 더 생생하게 표현할 수 있기 때문입니다. 아래 문장들을 비교해보세요.

① 나는 슬프다. 비유가 없는 문장
② 나의 슬픔은 깊은 바다와 같다. 비유가 있는 문장: 직유 활용

어느 표현이 더 슬프게 느껴지나요? 깊은 바다에 빠지면 아무도 없고 아무 소리도 들리지 않아서 외로울 겁니다. ②가 슬퍼서 힘들고 외로운 마음을 더 생생하게 표현합니다.

① 나는 화가 났다. 비유가 없는 문장
② 나는 폭발 직전 화산이다. 비유가 있는 문장: 은유 활용

어느 쪽이 더 강한 느낌인가요? 검은 연기와 용암을 뿜는 화산을 떠올리게 하니까 ②가 주는 인상이 강렬합니다.

은유와 직유를 활용하면 표현하고자 하는 바를 더 생생하게 전달할 수 있습니다. 어떻게 생각하고 느끼는지 상대에게 효과적으로 전달할 수 있지요.

비유법은 설득력을 높인다

좋은 비유 표현은 사람의 마음을 움직입니다. 예를 들어보죠. 학원 수업과 숙제가 많아서 힘든 어린이가 아빠에게 하소연합니다.

① 아빠, 학원에 가면 답답해요. 비유가 없는 문장
② 아빠, 학원이 감옥 같아요. 비유가 있는 문장 : 직유 활용

아이가 어떻게 말했을 때 아빠의 마음이 흔들릴까요? 아이가 어떻게 표현해야 "오늘은 학원에 안 가도 된다"라고 허락하실 건가요? 비유법을 쓴 ②가 더 생생한 느낌이어서 상대의 마음을 더 많이 움직입니다.

비유법은 상대방을 감동하게 만든다

비유법을 활용한 글은 읽는 사람에게 감동도 준답니다. 기행문을 예로 들어볼게요.

① 성산일출봉에 올랐다. 바람이 땀을 식혀줬다. 머리카락도 기분 좋게 날렸다. 행복한 여행이었다.
② 성산일출봉에 올랐다. 바람이 땀을 식혀줬다. 바람은 엄마 손길 같았다. 엄마는 날이 더우면 내 땀을 닦아주고 머리카락을 쏠어 넘겨주신다.

멀리 계신 엄마 생각을 하니 가슴이 따뜻해졌다.

②에서 글쓴이는 시원한 바람을 엄마의 사랑 어린 손길에 비유했습니다. 글을 읽는 사람도 저절로 엄마의 사랑을 떠올리게 됩니다. 어쩌면 열병에 시달리는 자신을 간호하던 엄마의 손길을 떠올릴 수도 있겠죠. 비유법을 쓴 덕분에 감동까지 더한 기행문이 됐습니다. 은유와 직유는 내 생각을 인상깊게 전달해서 상대방 마음에 파문을 일으킵니다.

어떻게 해야 아이의 은유 및 직유 능력을 키워줄 수 있을까요? 평소 비유에 쓰이는 대상의 이미지를 다채롭게 설명해주면 됩니다. A에 B를 빗대는 것이 비유법이라고 했는데, 비유에 사용되는 B의 다양한 이미지를 함께 이야기하는 것입니다. 예를 들어 '너는 꿀벌 같다'라는 표현에서 "꿀벌"이 B인데요, 꿀벌의 다양한 이미지를 아이에게 알려주면 비유 능력이 쑥쑥 자랍니다.

'꿀벌' 하면 어떤 이미지가 떠오르나요? 보통 '부지런하다'라는 표현이 떠오릅니다. 또 '바쁘다'도 흔히 연상하는 표현입니다. 그런데 전혀 다른 이미지를 떠올릴 수도 있어요. 예를 들어 '매일 같은 일을 반복하다'도 괜찮습니다. '꿀벌'로 세 가지 비유 표현을 만들 수 있습니다.

① 너는 꿀벌 같다. 항상 부지런하다.

② 너는 꿀벌 같다. 언제나 바쁘다.

③ 우리나라 학생들은 꿀벌 같다. 매일 똑같은 생활을 반복한다.

정답은 없습니다. 어떤 비유를 선택하든 자유입니다. 물론 평가는 다를 수 있습니다. 가령 ①은 누구나 공감하겠지만 조금 식상하고 ③은 조금 낯설어 설명이 필요하지만 비교적 창의적입니다.

이번에는 '나무늘보'로 비유 연습을 해보겠습니다. 나무늘보가 주는 일반적 이미지는 '느리다'입니다. '게으르다'라는 부정적 이미지도 있죠. 그런데 긍정적 이미지를 부여하는 것도 가능합니다. '나무늘보는 급하지 않고 여유롭다'라고 볼 수도 있지요. 나무늘보의 세 가지 이미지를 활용하면 세 가지 비유 표현을 만들 수 있습니다.

> ① 걔는 나무늘보다. 행동이 몹시 느리다.
> ② 걔는 나무늘보다. 무척 게으르다.
> ③ 걔는 나무늘보다. 서두르지 않고 여유가 넘친다.

역시 어느 비유를 선택해도 좋습니다. 다만 차이는 있습니다. ①과 ②는 익숙한 비유이고 ③은 상대적으로 신선한 비유입니다. 보통 빠름을 중시하는데 여기서는 느리다는 것을 긍정적으로 해석하여 비유적으로 썼기 때문이지요.

또 다른 예도 들어보겠습니다. '꽃'의 일반적 이미지는 '예쁘다'입니다. 그런데 '수동적이다'도 될 수 있습니다. '얼음'에서 '차갑다' 혹은 '냉정하다'라는 개념을 떠올리지만, 반면 '깨끗하다'나 '투명하다' 같은 긍정적인 개념도 떠올릴 수 있습니다. '부모'는 또 어떤가요? '따뜻하다'도 되고 '간섭하다'도 될 수 있습니다. 사람 또는 사물의 다양한 이미지를 알려주면, 아이가 비유법을 다채롭게 활용할 수 있습니다.

2

의인법,
글에 생명력을 불어넣는다

의인법은 비유법의 일종입니다. 직유법이나 은유법과 형제 사이죠.

의인법은 사람이 아닌 것을 사람처럼 표현하는 비유입니다. 예를 들어서 바람, 심장, 시간, 나무 등을 사람이라 여기면서 표현한 것이 의인법을 활용한 표현입니다.

밤새 바람이 슬프게 울어댔다.

따지고 보면 말도 안 되는 표현입니다. 바람이 사람처럼 울지는 않으니까요. 이렇게 사람이 아닌 것(바람)을 사람에 비유하는 것이 의인법입니다. 의인법은 다른 비유법처럼 느낌을 선명하게 만듭니다. 앞서 예시 문장에서도 바람이 슬프게 운다고 하니 읽는 입장에서 훨씬 쓸쓸한 느낌이 들잖아요.

아래도 역시 의인법을 활용한 표현입니다.

너의 심장이 하는 말을 들어봐.

심장이 말을 하나요? 심장에 입이 있나요? 아니죠. 심장을 사람처럼 여기고 쓴 표현으로, 의인법입니다. '너의 진심이 무엇인지 잘 생각해봐'라는 뜻입니다.

시간이 너에게 알려줄 거야. 무엇을 해야 하는지.

시간이 사람도 아닌데 어떻게 알려주나요? 시간을 사람처럼 표현했어요. 의인법이죠. '시간이 지나면 알게 될 거야'라는 뜻입니다.

나무는 우리에게 쉬어 갈 그늘을 선물한다.

나무가 실제와 달리 사람처럼 선물하는 모습을 묘사했으니까 역시 의인법입니다.

이외에도 예는 많아요. '새들이 노래한다' '햇빛이 나의 팔등을 간지럽힌다' '달이 미소를 지었다'처럼 우리는 글을 쓸 때 의인법을 자주 사용합니다. 의인법이 쓰인 문장을 읽으면 세상 모든 것이 나에게 말을 걸고 함께 놀자고 할 것 같아서 기분이 좋아집니다.

3

과장법, 글을
재미있게 만든다

엄마와 아이가 말다툼을 하고 있어요. 다툼의 화제는 '공부'입니다. 엄마는 아이가 공부를 하지 않는다고 꾸중하고 아이는 적극적으로 자신을 방어하고 있어요. 이 말다툼은 누구의 승리로 끝날까요?

한 아이가 숙제를 하지 않고 TV를 보고 있어요. 엄마는 속상해서 말했어요.
"엄마가 숙제 먼저 하고 TV 보라고, 천번은 이야기했다."
아이가 짜증이 난 듯 돌아보면서 대꾸했어요.
"거짓말하지 마세요. 어떻게 같은 말을 천 번이나 할 수 있어요? 아이에게 거짓말하는 어른들은 나빠요. 엄마도 나쁜 어른이 되지 마세요."
엄마는 울화통이 터지는 걸 참고 부드럽게 말했어요.

"호호. 그건 거짓말이 아니란다. 과장법이라고 하는 거야. 과장법이란 실제보다 부풀려서 강조하는 표현법이야. 공부 좀 해라."

아이가 마음이 상한 걸까요? 이렇게 말했어요.

"또 야단을 치시네요. 엄마는 평생 한 번도 나를 칭찬하지 않았어요. 대체 왜 그러세요?"

"한 번도 안 했다고? 가끔이지만 칭찬을 했어. 거짓말하지 마."

"거짓말이 아니에요. 과장법이죠. 부풀리는 거 말고 확 줄이는 것도 과장법이에요. 한 번도 안 했다는 건 칭찬을 자주 안 했다는 뜻이에요."

엄마의 실망이 감동으로 급변했어요.

"대단하구나! 과장법을 알고 있다니!"

아이는 TV 쪽으로 고개를 돌리며 말했어요.

"엄마, 너무 걱정 말아요. 나도 틈틈이 '열공'하니까요."

똑똑한 어린이입니다. 엄마가 감동하는 게 당연해요.

쉽게 표현하자면 강조법은 '뻥튀기 표현법'입니다. 감정이나 생각을 강조하려고 실제보다 부풀려서 표현하는 게 과장법입니다.

예를 들어서 아주 기쁜 마음을 두 가지 문장으로 표현해볼게요.

① 나는 무척 기뻤다.
② 나는 가슴이 터질 것 같았다.

①은 과장 없이 사실을 표현했고 ②는 과장한 표현입니다. ②처럼 과장하면 감정이 또렷이 전달됩니다. 상대방도 마음이 벅차오를 수

있습니다. 과장법은 내 마음을 효과적으로 전달할 뿐 아니라 재미도
더합니다.

   배가 너무 고파. 소 한 마리도 잡아먹겠다.

아무리 배가 고파도 소 한 마리를 먹을 수는 없어요. 사실은 불가능
한, 과장 표현입니다. 그런데 배가 얼마나 많이 고픈지 느껴져요. 읽는
재미도 있습니다.

   너는 잘생겼다. 너무 눈부셔서 오래 볼 수가 없어.

이 표현 역시 과장이라는 사실은 누구나 알죠. 하지만 듣는 사람은
기분이 좋아져요. 재미있어서 웃음도 짓게 되죠. 의미를 명확히 전달
하면서 재미까지 느끼게 하는 게 과장법의 매력입니다.
크기나 강도를 키우는 게 아니라 반대로 확 줄여서 표현하는 것도
역시 과장법이에요.

   • 너무해요. 엄마는 칭찬을 한 번도 안 해요.
   • 그는 거짓말을 하고도 티끌만큼도 후회하지 않았다.
   • 그가 간발의 차이로 이겼다.
   • 너를 눈곱만큼도 좋아하지 않아.

'티끌'은 먼지처럼 작은 것을 뜻하고 '간발의 차이'는 적은 차이를

의미합니다. 이렇게 마음껏 줄여 말해도 강조하는 효과를 낼 수 있습니다.

과장법은 작은 것을 크게 부풀려 표현하거나 큰 것을 작게 줄여 표현하는 방법입니다. 과장법을 잘 쓰면 자기 생각과 의견을 재미있고 선명하게 전달할 수 있습니다. 웃음을 선물하면서 친구들의 마음을 사로잡을 수 있죠.

정직한 표현을 권장하는 사회 분위기로 인해 '과장하면 안 된다'는 강박을 느끼는 어린이도 있습니다. 이런 강박에서 벗어나야 과장법에 능해집니다. 아울러 다양한 과장 기법도 알려주는 게 필요하겠죠. 아이가 마음껏 과장하여 표현하게 격려해보세요. "배고파 죽겠다" "놀라서 기절할 뻔했다" "하루 종일 공부했다"처럼 뻥튀기해도 웃고 칭찬해주세요.

4

예시,
탄탄한 글을 만든다

예가 풍부한 글이 이해하기 좋은 글입니다. 예를 드는 걸 '예시'라고 하는데, 예시를 잘 활용하는 어린이가 글도 편하게 술술 잘 씁니다. 예시가 어떤 역할을 하며 왜 중요한지 알려주면 아이의 글쓰기 실력이 한층 좋아질 것입니다.

예시의 여러 기능 중에서도 가장 중요한 것은 정확한 의미 전달입니다. 예를 들어서 설명하면 내 생각을 정확히 전달할 수 있습니다. 무슨 뜻인지 잘 모르겠죠? 답답하죠? 이럴 때 예가 필요해요. ①과 ②를 비교해보세요.

① 나는 따뜻한 색이 좋아요. 마음을 포근하게 만들어요.

② 나는 따뜻한 색이 좋아요. 예를 들어 빨강이나 분홍이 마음을 포근하게
    만들어주죠.

②는 예를 든 문장입니다. 따뜻한 색의 예로 빨강과 분홍을 제시했
더니 뜻을 이해하기가 쉬워졌습니다. 아래 두 문장은 또 어떤가요?

① 학교에서는 규칙을 잘 지켜야 해요. 잊지 마세요.
② 학교에서는 규칙을 잘 지켜야 해요. 예를 들어서 복도에서 뛰면 다칠 수
    있어요. 또 실내화를 신고 운동장에 나갔다 들어오면 실내화에 묻은 흙
    먼지 때문에 교실 공기가 더러워져요. 잊지 마세요.

규칙을 지킨다는 것은 무엇인가요? ②가 예시를 통해서 정확히 말
하고 있습니다.

① 양미는 심성이 고와. 정말 정말 고와서 옆 사람이 감동받을 정도야.
② 양미는 심성이 고와. 내가 아프다니까 양호실까지 데려다줬어. 또 슬
    퍼하는 친구를 달래주는 것도 봤어. 양미의 마음씨는 정말 아름다워.

①보다는 ②가 호소력이 높습니다. 양미의 선행을 예를 들어서 표
현했기 때문입니다. ②를 읽는 사람은 양미의 마음씨가 굉장히 따스
하다는 데 동의하게 됩니다.

말을 할 때나 글을 쓸 때 왜 예를 들어야 할까요? 예를 들어서 설명
하면 좋은 점이 적어도 세 가지나 있습니다. 내 생각을 정확하게 전달

할 수 있습니다. 주장의 설득력이 높아지고 읽는 사람도 이해하기 쉬워서 좋습니다. 그림으로 정리해볼까요?

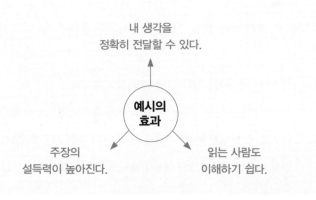

예를 어디에서 가져와야 할까요? 크게 경험과 지식 두 곳에서 찾으면 됩니다.

먼저 개인적 경험이 좋은 예의 보물 창고입니다. 위의 ②에서 '나'는 양미가 친구를 달래주는 걸 봤고, 그런 경험 덕분에 양미의 마음씨가 얼마나 아름다운지 표현할 수 있었습니다.

> 스마트폰을 자주 꺼놓으면 독서 시간이 늘어난다. 우리 가족이 그랬다. 나와 아빠와 엄마는 매일 한 시간씩 스마트폰을 끄기로 했다. 그리고 한 달 뒤에 살펴보니 가족 모두 책을 더 많이 읽게 되었다. 그리고 가족들이 함께 대화하는 시간도 늘어났다. 스마트폰을 끄는 건 여러 면에서 이롭다.

이 글에서는 가족들의 스마트폰 끄기 실험이 예로 제시되었습니다. 출처는 바로 개인의 경험입니다.

책이나 언론에서 배운 지식도 예로 활용할 수 있습니다. 역사적 사실, 통계 수치 등의 지식을 쌓아두면 예시에 도움이 됩니다.

세상에는 불쌍한 어린이가 많다. 가난과 배고픔이 전 세계 많은 아이들을 괴롭히고 있다. 남의 고통을 외면하면 안 된다. 우리가 모두 나서서 그 불쌍한 아이들을 도와줘야 한다.

예가 없는 글입니다. 예가 없으니까 주장이 뚜렷하지 않아요. 또 설득력도 비교적 약합니다. 아랫글은 다릅니다.

세상에는 불쌍한 어린이가 많다. 가난과 배고픔이 전 세계 많은 아이들을 괴롭히고 있다. 예를 들어서 4억 명의 아이가 아주 가난하게 산다. 그 아이들이 먹고 생활하는 데 쓰는 돈은 하루에 2천 원밖에 안 된다. 또 건강이 나빠서 죽을 위기에 놓인 아이가 2020년에 140만 명이나 된다. 모두 유니세프의 자료에서 본 거다. 고통받는 불쌍한 어린이를 우리가 도와줘야 한다.

유니세프 사이트에서 본 통계치를 예로 들면서 설명했어요. 그 결과 글 쓴 사람의 생각을 정확히 전달했습니다. 또 읽는 사람도 이해하기 쉬워지고 글의 설득력도 높아졌습니다.

어린이 빈곤과 기아 문제를 거론했으니 짚어야 할 문제도 생겼습니다. 위의 글처럼 다른 나라의 어린이가 불쌍하니까 도와야 한다는 논리가 일반적입니다. 하지만 이런 논리에는 문제가 있습니다. 불쌍해서 돕는 게 아니라 의무이기 때문에 돕는 게 맞습니다. 고난을 겪는 타인에게 손을 내미는 게 인간의 의무라고 알려줘야, 우리 아이가 시혜자의 우월감에 빠지는 문제를 막을 수 있습니다.

다시 원래 주제로 돌아갈게요. 어린이는 예시에 약한 경향이 있습니다. 적절한 예를 제시하지 못해서 글의 설득력을 잃는 경우가 많습니다. 해결책은 두 가지입니다.

핵심 정리

① 예시의 중요성을 어린이가 실감하게 만들어야 합니다.

예가 왜 중요한지 깨닫고 나면 어린이는 예시를 위해 노력할 것이고, 나중에는 추상적이거나 복잡하거나 새로운 생각을 말한 뒤 딱 들어맞는 예를 제시하는 실력까지 갖출 것입니다.

핵심 정리

② '부모의 질문'이 어린이의 예시 능력을 높입니다.

"예를 들면 어떤 게 있을까?"라고 자주 묻는 것입니다. 가령 "엄마, 아빠가 너의 마음을 아프게 한다고 네가 말했는데, 어떤 예가 있지?"

라고 질문하고 대화를 나누면 아이의 예시 능력도 좋아지는 건 물론,
가족관계도 화목해질 것입니다.

어려운 글쓰기 숙제,
쉽게 해내는 방법

이번 장에서는 많은 어린이가 쓰기 어려워하는 기행문, 독서 감상문, 주장하는 글에 대해 이야기하겠습니다. 숙제하는 아이만 힘든 것은 아니죠. 옆에서 도와주는 부모님도 여간 고달프지 않습니다. 하지만 손쉬운 방법이 있습니다. 기행문과 독서 감상문 숙제 때문에 고민하는 아이에게 "너의 마음에 어떤 일이 일어났는지 쓰면 된단다"라고 일러주세요. 좋은 기행문을 쓰려면 자기 마음에 주목하면 됩니다. 무미건조하게 여정만 쓰는 것이 아니라, 어느 곳이 좋았고 어느 곳은 싫었다고 쓰기만 해도 기행문은 훨씬 재미있어집니다.

일기나 영화 감상문도 비슷합니다. 독서 감상문도 다르지 않습니다. 어떤 대목에서 감동하고 어떤 대목에서는 실망했는지 정리하면 개성 있는 글을 쓸 준비가 된 것입니다.

주장하는 글을 쓰는 법은 조금 다릅니다. 주장과 근거를 형식에 맞게 제시해야 우수한 글이 됩니다. 아이가 주장과 근거, 혹은 의견과 이유를 구분하고 적절히 배치하는 연습을 하게 도와주세요.

1

기행문, 영화 감상문, 일기 쓰기

기행문 쓰기: 신났던 것과 실망한 것 찾기

누구나 자주 기행문을 쓰는 시대입니다. 여행을 다녀온 뒤 사람들이 너나없이 SNS에 글을 남기면서 기행문 쓰기 능력이 요즘은 기본 교양과 다름없어졌습니다.

그런데 초등학생에게 기행문 쓰기는 쉽지 않습니다. 끙끙거리면서 힘들게 쓰기도 합니다. 기행문을 쓰기 싫어서 여행을 안 가겠다고 고집하는 아이도 있더군요(제 아이가 그랬습니다).

기행문을 쓰는 게 고된 이유는 살펴본 것이 부족하기 때문입니다. 새롭거나 아름다운 바깥 풍경을 충분히 보지 못했다는 의미가 아닙니다. 자기 내면을 충분히 살피지 않았기 때문에 기행문 쓰기가 어려운 것입니다. 내가 무엇 덕에 즐거움을 느꼈고 어떤 것에 실망했고 무엇 때문에 놀랐는지 자기 마음에 주목하면, 기행문 쓰기가 편해집니다.

내면에 주목해야 좋은 글이 나온다는 원칙은, 기행문뿐만 아니라 독서 감상문과 일기와 영화 감상문에도 적용할 수 있습니다.

여행지에서 보고 듣고 생각한 걸 적은 글이 기행문입니다. 초등학생들은 기행문에 대해 이렇게 배웁니다.

> 기행문 **여행 경험을 자유롭게 쓰는 글**
> 기행문에 담아야 하는 것 **여행 과정** 여정 , **보고 들은 것** 견문 , **느끼고 생각한 것** 감상

흔히들 쓰는, 경험을 단순 나열한 기행문은 재미없습니다. 예를 들면 이런 식입니다.

> 제주도 여행을 갔다. 비행기를 타고 제주 공항에 내렸다. 날씨가 좋았다. 콘도에 가서 짐을 풀고 난 뒤 만장굴을 구경했다. 다음 날에는 성산일출봉과 카트 경기장에 갔다. 용두암도 봤다. 그리고 비행기를 타고 집으로 돌아왔다. 아주 즐거운 여행이었다.

이런 글은 무미건조합니다. 사막의 모래알처럼 메말라 있는 것이죠. 왜 그럴까요? 느낌이나 생각이 없는 글이기 때문이에요. 오직 여정만 기록했을 뿐입니다. 내비게이션에 저장된 기록과 다를 게 없습

니다.

어린이는 내비게이션이 아니라 사람이니까 사람답게 살아 있는 기행문을 써야 맞습니다. 사람은 생각이 있고 감정이 있습니다. 슬픔과 기쁨과 놀라움 등을 느낍니다. 생각과 느낌을 담아야 기행문이 생명을 되찾습니다.

기행문에 생명을 불어넣는 방법은 간단합니다. 여행 경험을 감정을 기준으로 나누면 됩니다. 가장 좋았던 것, 가장 아름다웠던 것, 실망스러웠던 것, 잊지 못할 것, 깜짝 놀랐던 것, 감동적이었던 것 등으로 분류하면 기행문을 완성할 수 있습니다.

핵심 정리

아이에게 좋았고 싫었고 놀랐던 것이 무엇인지 물어보세요.
글쓰기의 절반은 이미 끝난 것이나 다름없습니다.

예를 들어서 아래와 같은 짜임으로 기행문을 쓸 수 있어요.

제주도 가족 여행을 갔다. 비행기를 5년 만에 탔다. 설렜다.

가장 실망스러운 것은 콘도였다. 왜냐하면 좁았기 때문이다. 하지만 온 식구가 한방에서 자는 게 재미있기도 했다.

잊지 못할 경험은 만장굴 구경이었다. 어두운 굴속은 아름다우면서도 무서웠다. 어둠 속에서 괴물이나 귀신이 튀어나올 것 같아서 가슴이 두근거렸다.

성산일출봉에 갔는데 깜짝 놀랐다. 바로 눈앞에 펼쳐진 분화구가 신비로웠다. 계단을 오르는 게 조금 힘들었지만 가볼 만했다.

가장 재미있던 것은 카트 경기장이었다. 카트를 타고 달리니까 게임 속에 들어간 것처럼 신났다. 사실은 관광지보다 여기서 더 재미있었다.

첫날에는 콘도가 너무 좁아서 실망했고 마지막 날에는 용두암 때문에 실망하게 되었다. 제주시에 있는 용두암에 갔는데 용두암이 좀 작았고 내 눈에는 용을 전혀 닮지 않았다. 용두암이 내 눈에는 평범한 바위처럼 보여서 실망이었다.

여행을 끝낸 뒤 비행기를 타고 다시 집으로 왔다. 피곤했지만 마음은 편안했다. 역시 집이 최고다.

이렇게 여행 일정에 자신의 감상을 더할 수 있습니다. 좋았고, 신났고, 놀랐고, 실망스러웠던 것을 골라서 글로 표현하는 것이죠. 이렇게 해야 쓰기도 편하고 읽는 재미도 있는 기행문이 됩니다.

영화 감상문 쓰기: 좋았던 것과 싫었던 것 찾기

어디 기행문만 그런가요? 다른 종류의 글도 같은 방법으로 쓰면 됩니다. 영화 감상문을 예로 들어볼게요. 우선 〈스파이더 걸〉이라는 가상의 영화 내용을 소개합니다.

① 12세 소녀가 거미에 물려 거미의 초능력을 갖게 되었다.

② 과속하던 차가 아이를 칠 위기였다. 스파이더 걸이 아이를 구했다.

③ 그 장면이 TV에 방송되어 스파이더 걸은 영웅이 되었다.

④ 외계 악당들이 도시를 파괴하기 시작했다.

⑤ 사람들은 스파이더 걸을 찾았지만 스파이더 걸은 무서워서 숨었다.

⑥ 외계 악당들이 어린이들까지 납치했다. 스파이더 걸의 친한 친구도 붙잡혔다.

⑦ 스파이더 걸은 드디어 악당과 맞서 싸우기 시작했다.

⑧ 위기에 몰렸던 스파이더 걸이 거미줄로 악당들을 제압했다.

⑨ 스파이더 걸이 납치되었던 친구와 껴안고 울었다.

⑩ 사람들이 박수를 보내자, 스파이더 걸이 환하게 웃었다.

영화 감상문을 쓰라고 하면 대부분 어린이들은 위와 같이 줄거리를 단순 나열합니다. 의미와 재미가 없는 감상문일 가능성이 높습니다.

영화 감상문을 잘 쓰는 방법은 간단합니다. 어린이가 자기 자신에게 물어보면 됩니다. "가장 재미있었던 장면은 무엇이었지?" "감동적인 장면과 마음 아팠던 장면이 있었나?" "혹시 실망스러운 장면은 없었을까?"라고요.

먼저 내 마음을 기준으로 삼아서 영화 내용을 나눕니다. 그다음 그 내용을 하나하나 표현하면 훌륭한 영화 감상문을 완성할 수 있습니다. 예를 들어 이렇게 쓸 수 있어요.

유명한 영화 <스파이더 걸>을 봤다. 주인공이 거미에 물렸을 때 가장 놀라고 긴장했다. 혹시 주인공이 죽지는 않을까 무섭기도 했다. 그리고 외계인을 무찌르고 친구와 껴안는 장면에서는 눈물이 날 뻔했다.
그런데 실망스러운 장면도 있었다. 외계 악당들이 도시를 파괴할 때 CG가 실감 나지 않았다. 꼭 장난 같았다. 돈을 좀 더 들여서 영화를 만들었어야 한다. 또 스파이더 걸의 엄마, 아빠가 한 번도 안 나온 것도 좀 의아했다.
<스파이더 걸>은 부족한 점이 있었지만 좋은 영화다. 친구를 구하기 위해 싸운 스파이더 걸의 용기에 감동했다.

좋은 영화 감상문은 어떤 형태일까요? 간단해요. 글쓴이 자신이 가장 좋아하거나 싫어하는 장면이 무엇인지 써놓으면 좋은 영화 감상문이 됩니다.

일기 쓰기: 내 마음이 느낀 대로 표현하기

일기도 비슷합니다. 내 마음이 느낀 대로 쓰면 좋은 일기입니다. 여기서 부모의 역할이 무엇인지 돌아봐야 합니다.

동서양의 대부분 부모는 뻔한 질문을 합니다. "오늘 재미있었어?"라고 말입니다. 인생에 재미만 있을 수 없습니다. 신나고 힘든 일도 있고 실망스럽거나 놀란 일도 매일 일어나게 마련입니다.

그러니까 부모의 질문도 더 정교해져야 합니다. 그럴 때 아이의 감각도 따라서 섬세해집니다.

예를 들어서 아이에게 이렇게 묻는 게 좋습니다.

"오늘 신나는 일은 뭐였어?"

"1년 뒤에도 잊지 못할 일이 있었니?"

"가장 가슴 뛰게 만든 것은 무엇이고
 가장 무서운 경험은 무엇이었어?"

"재미없고 실망스러운 일은 없었니?"

부모가 섬세하게 질문하면 아이의 감각이 열리고 자기 내면을 향한 채널도 발달합니다. 더 나아가 자기 성찰의 능력이 싹트며, 행복한 삶의 조건이 갖춰집니다. 아이에게 글쓰기를 교육해야 하는 이유입니다.

> **핵심 정리**
>
> 어린이가 자기 생각을 부끄러워하지 않고
> 시원시원하게 밝힐 수 있도록 지도해주세요.

우리나라 사람들은 자기 생각을 밝히는 걸 두려워하거나 창피해합니다. 혹시 틀리거나 반박을 당하지 않을까 걱정을 하는 것입니다. 우리 아이가 어떤 생각이라도 주저하지 않고 표현하는 사람으로 성장하도록 지도해주세요. 당당하고 명확한 자기표현이 습관이 되면, 글을 점차 잘 쓰게 됩니다.

2

독서 감상문 쓰는 방법

책 읽기를 좋아하는 어린이도 대체로 독서 감상문을 쓰기 싫어합니다. 독서 감상문을 쓰게 하면 어린이들은 표정이 어두워지고 괴로워하며 한숨을 내쉽니다. 그래도 포기하게 내버려둘 수는 없죠. 독서 감상문 쓰기가 독서만큼 중요하기 때문입니다.

독서 감상문을 쓰는 동안 어린이는 어부가 됩니다. 책의 바다에서 빛나는 내용들을 건져 올려서 노트와 마음속에 기록합니다. 새로운 정보와 논리를 습득하며 자신만의 시각도 갖게 됩니다. 독서 감상문을 써야 독서 효과가 비로소 빛을 발합니다.

물론 아이에게 억지로 감상문을 쓰게 하면 효과가 없습니다. 다만, 아이에게 쉽고 재미있게 쓰는 방법을 알려주면 됩니다. 그 방법에 대해서 설명하겠습니다.

독서 감상문을 어떻게 써야 할까요? 많은 책은 독서 감상문을 이렇게 구성하라고 합니다. "책을 읽은 동기를 쓰고 줄거리를 요약하고 자기 감상(느낌과 생각)을 밝히면 된다."

'동기-줄거리 요약-감상'이 독서 감상문의 뼈대입니다. 이 원칙에 맞춰 쓴 《신데렐라》의 독서 감상문을 소개하겠습니다.

동기	우연히 서점에서 본 《신데렐라》를 읽었다. 영화는 오래전에 봤는데 책도 재미있었다. 여러 나라에 비슷한 이야기가 많지만 프랑스 작가 샤를 페로가 쓴 《신데렐라》가 가장 유명하다.
줄거리 요약	주인공 신데렐라는 아주 착한 사람이었는데 아빠가 재혼을 하면서 힘든 생활을 하게 되었다. 새엄마는 데려온 두 딸과 함께 신데렐라를 괴롭혔다.
	어느 날 왕자가 무도회를 열었다. 신데렐라는 요정의 도움으로 참석할 수 있었다. 요정이 호박을 마차로 바꾸고 유리 구두와 드레스를 만들어줬다. 무도회에서 왕자는 신데렐라에게 사랑을 느낀다. 두 사람은 잠시 헤어졌지만 유리 구두 덕분에 다시 만나서 행복하게 살았다.
감상	신데렐라처럼 착한 사람에게는 행운이 생긴다는 걸 배웠다. 반대로 새엄마처럼 나쁘게 살면 벌을 받는다. 나도 신데렐라처럼 착한 사람이 되어야겠다.

전형적인 독서 감상문입니다. 많은 아이가 이렇게 감상문을 씁니다.

읽는 사람도 재미없지만, 글을 쓰는 아이도 지겨운 숙제를 하듯이 힘들었을 것입니다.

마음을 글로 쓰기

재미있는 독서 감상문을 쓰는 방법이 있습니다. 기행문을 쓸 때와 똑같아요. 어린이가 자기 마음을 살펴보면서 글을 쓰게 하면 됩니다.

어린이가 자기 자신에게 질문을 하게 하세요. "책을 읽는 동안 마음속에서 어떤 느낌이 떠올랐지?" "책 내용 중에서 어느 대목이 가장 좋았지?" "이상한 부분은 없었나?" 이렇게 질문하고 답을 얻으면, 독서 감상문을 뚝딱 완성할 수 있습니다. 예를 들어볼게요.

> **제목** 나를 화나고 행복하게 만든 《신데렐라》
>
> 《신데렐라》는 아름답고 감동적인 이야기다. 새엄마의 괴롭힘을 받던 신데렐라가 왕자와 결혼하면서 이야기가 끝난다.
>
> 요정의 도움이 없었다면 신데렐라는 왕자를 만날 수 없었다. 요정이 마차를 만들고 예쁜 유리 구두와 드레스까지 선물해줘서 신데렐라는 무도회에 참가할 수 있었다.
>
> 신데렐라가 요정의 도움을 받을 때 나도 몹시 행복했다. 마치 내가 구두와 마차를 선물 받는 것처럼 기분이 좋았다. 또 왕자와 결혼을 한 것도 참 다행이다. 자신을 괴롭히는 사람이 아닌 사랑하는 사람과 지낼 테니까.
>
> 그런데 나는 책을 읽으면서 화가 나기도 했다. 왜 새엄마와 언니들은 신

데렐라를 괴롭혔던 걸까. 자기들만 편하려고 신데렐라에게 집안일을 다 시켰다. 그 사람들은 이기적이고 나쁘다. 내 주변에도 이기적인 사람이 있다. 이기적인 사람들은 깊이 반성해야 한다. 행동을 고치지 않으면 벌을 받게 될 거다.

여성에게 결혼이 해피엔딩이라든가 남성의 보호를 당연시하는 부분이 아쉽지만, 그래도 괜찮은 독서 감상문입니다. 자신의 생각을 분명하게 나타낸 것이 최대 장점입니다. 우리 아이도 저 정도로만 쓸 수 있다면 충분합니다.

반드시 '동기-줄거리 요약-감상' 순서로 독서 감상문을 써야 하는 건 아니라고 아이에게 알려주세요. 절대 따라야 할 규칙은 없습니다. 자기 생각과 느낌만 분명히 밝힌다면, 동기 설명이나 줄거리 요약이

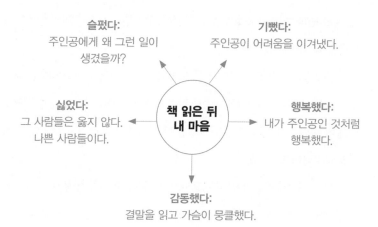

슬펐다:
주인공에게 왜 그런 일이
생겼을까?

기뻤다:
주인공이 어려움을 이겨냈다.

싫었다:
그 사람들은 옳지 않다.
나쁜 사람들이다.

책 읽은 뒤
내 마음

행복했다:
내가 주인공인 것처럼
행복했다.

감동했다:
결말을 읽고 가슴이 뭉클했다.

미약해도 좋은 감상문입니다.

감상을 선명하게 드러낸 독서 감상문이 박수를 받습니다. 달리 말해서 독서 감상문의 수준을 결정하는 것은 내 마음을 살피는 능력입니다. 책에도 집중해야 하지만 책을 읽는 내 마음에도 주목해야 하는 이유입니다. 언제 슬펐고 어느 대목에서는 행복했으며 어떤 이유로 화가 났는지 생각한다면 좋은 독서 감상문을 쉽게 쓸 수 있습니다.

이번에는 감상이 더욱 분명한 글입니다.《신데렐라》를 매섭게 비판하는 감상문이어서 흥미롭습니다.

제목 여자를 차별하는《신데렐라》

《신데렐라》는 착하고 가난한 여자가 돈 많은 왕자와 결혼한다는 이야기다. 프랑스의 작가 샤를 페로가 쓴 동화이고 만화영화로도 만들어져서 유명해졌다.

책을 읽으면서 여러 가지 기분이 들었다. 새엄마의 학대 때문에 화가 난 게 첫 번째다. 기분이 좋을 때도 있었다. 신데렐라가 결혼해서 행복하게 웃을 때 나도 행복했다.

그런데 불쾌한 것도 있었다. 모든 여자가 왕자와 결혼하려고 다투는 내용이 기분 나빴다. 여자들은 아픔을 참아가며 작은 유리 구두에 발을 억지로 밀어 넣었다. 화장하고 옷을 차려입고는 왕궁으로 몰려가서 왕자에게 예쁘게 보이려고 경쟁했다.

작가는 여자들을 다 바보같이 묘사한 것 같다. 여자들을 왕자가 가진 돈만 바라는 존재로 표현했다. 실제로 여자들이 그런 것은 절대 아니다. 나는 여자로서 기분이 나빴다.《신데렐라》는 성차별적인 이야기다.

아주 깔끔하지는 않지만 주장이 뚜렷해서 돋보이는 글입니다. 자기 생각이 분명한 독서 감상문은 흥미롭습니다. 독자의 공감을 불러일으키는 힘도 있습니다. 독서하는 동안 피어오르는 자신의 감정이나 생각에 주목한다면, 우리 아이도 좋은 독서 감상문을 얼마든지 쓸 수 있습니다.

경험을 글로 쓰기

마음이 아니라 경험에 주목해서 독서 감상문을 쓰는 방법도 있습니다. 내가 책의 주인공과 같은 상황에 있거나 비슷한 경험을 했다면 그 내용을 쓰는 겁니다. 《헨젤과 그레텔》 감상문을 예로 들어볼게요.

> **제목** 《헨젤과 그레텔》을 읽고 무서운 기억이 떠올랐다
> 헨젤과 그레텔에게는 친아빠가 있었다. 친아빠는 나쁜 사람이라고밖에 할 수 없다. 아이들을 버리자고 새엄마가 조르니까 금방 설득되었기 때문이다. 친아빠와 새엄마는 깊은 숲에 남매를 버리고는 집으로 돌아갔다. 헨젤과 그레텔은 마녀를 만났다. 마녀는 아이들을 살찌워 잡아먹으려고 했다. 다행히 아이들이 도망쳤지만 정말로 큰일날 뻔했다.
> 나는 《헨젤과 그레텔》을 읽다가 무서워졌다. 여덟 살 때였나, 내가 말을 듣지 않고 울면서 떼를 쓰자, 엄마가 했던 말이 떠올랐기 때문이다. "너 계속 그러면 다리 밑에 버릴 거야." 왜 다리 밑인지는 모르겠지만 버리겠다는 말이 무서워서 엉엉 울고 말았다.

엄마, 아빠에게 부탁하고 싶다. 제발 나를 버리지 말라고 말이다. 또 가끔 말을 듣지 않아도 너무 미워하지 말라고도 사정하고 싶다. 원래 아이들은 말을 좀 안 듣는 거라는 이야기를 들었다. 할머니 말씀으로는 엄마도 어릴 때 말을 안 들었단다. 그래도 할머니는 엄마를 버리지 않았다. 우리 부모님 도 나를 버리지 말아야 한다. 엄마, 아빠, 사랑해요.

《헨젤과 그레텔》이야기와 자신의 경험을 연결시킨 덕에 굉장히 인상깊은 독서 감상문이 되었어요. 내 경험을 이야기하면 읽는 사람 이 글 속으로 빨려듭니다. 흡인력이 강한 글이 되는 것이죠.

이번에는《흥부와 놀부》감상문을 예로 들어볼게요. 형이 있는 어린 이는 형이 놀부처럼 보일 때가 있습니다. 그런 심정을 담은 글이에요.

> **제목** 놀부 같은 우리 형, 내가 용서한다
>
> 놀부는 밥 달라는 동생 흥부를 쫓아냈다. 못된 형이다. 우리 형도 가끔 놀부 같다. 자기 과자를 나눠 먹지 않을 때가 있다. 지난번에는 자기 장난감이 라면서 절대 못 만지게 했다. 동생이 과자를 먹고 싶어 하면 나눠줘야 착 한 형이다. 장난감이 부서지는 것도 아니니까 좀 빌려줘도 된다. 그런데 형은 놀부처럼 자기 방에서 나를 쫓아냈다.
>
> 그래도 나는 형이 놀부처럼 혼나는 건 싫다. 제비가 가져온 박에서 도깨비 가 나와서 놀부를 때리고 재산도 다 빼앗아갔다. 나는 통쾌한 기분이었 다. 하지만 도깨비가 우리 형을 공격하면 나는 형의 편이 되어서 싸울 거 다. 나의 사랑하는 형이니까.
>
> 그런데 궁금하다. 내가 그렇게 도와주면 형이 과자나 장난감을 나에게

줄까? 형이 빨리 착해지면 좋겠다.

어린이는《흥부와 놀부》이야기를 자기 경험과 연결했어요. 이 때문에 독서 감상문이 재미있고 생생해졌어요. 웃음도 나고 공감도 되는 독서 감상문입니다.

앞서 소개한 두 개의 감상문에는 글쓴이의 경험이 녹아들어 있습니다. 우리 아이가 저렇게 글을 쓰게 도와줘야 합니다.

아이에게 질문해보세요.
아이가 등장인물과 비슷한 경험을 한 적이 있는지,
비슷한 생각이나 느낌을 가진 적이 있는지 물어보는 겁니다.
가령 "피터 팬처럼 집을 나가고 싶을 때는 없었어?"라거나 "신데렐라처럼 괴롭힘을 당한 적은 없니?"라고 물어보면 됩니다. 주인공과 공통점을 찾아내면 우리 아이가 더 흥미로운 독서 감상문을 쉽게 쓸 수 있습니다.

3

주장하는 글,
쉽고 재미있게 배우기

당연한 표현이지만 어린이도 존중받을 권리가 있습니다. 어리다고 어린이를 경시하거나 무시하면 잘못입니다. 자신의 주장이나 취향이 무시되면 아이들도 속상해합니다. 어른들에게 자주 무시당했다는 한 어린이가 이런 글을 썼습니다.

① 내가 어린이로서 13년 동안 살아보니 알게 된 것이 있다. 어른들이 어린이들에게 가끔 실수한다는 것이다. 깔보고 무시하는 게 가장 큰 실수다. 그러면 안 된다. 어른은 어린이를 존중해야 한다.

② 이유는 많다. 첫 번째로 어린이에게도 어른과 동등한 인권이 있기 때문이다. 나이가 많거나 적거나 똑같은 사람이니까 서로 존중해야 맞다.

두 번째 이유도 있다. 서로 존중해야 모두 행복해진다. 어른이 아이를 존중하지 않으면 모두 불행해진다. 예를 들어서 선생님이 학생을 무시하면 반이 불행해진다. 또 부모님이 아이를 깔보면 가족들 사이가 나빠지고 가정이 불행해진다.

세 번째 이유도 중요하다. 어른이 어린이를 무시하면 어린이 비만 문제가 생긴다. 나는 무시당한 날에는 꼭 야식을 먹고 싶다. 무엇보다 치킨이 가장 생각난다. 어른이 무시하면 어린이는 스트레스 때문에 많이 먹고 어린이 비만 문제가 커진다. 아이가 살찌면 어른 책임이다.

③ 어른은 나이가 어리다고 어린이를 무시하면 안 된다. 어린이를 진심으로 존중해야 한다. 그래야 우리 모두 행복하고 건강해진다.

윗글은 감상문도 아니고 특정 정보를 알리는 글도 아닙니다. 바로 '주장하는 글'입니다. 자기주장(의견)을 펼치기 위해 쓴 글이죠. 모두 알다시피 주장하는 글은 세 부분은 구성됩니다. 서론, 본론, 결론이 그것입니다. 윗글에서는 ①이 서론이고 ②가 본론이며 ③이 결론입니다.

	서론	본론	결론
핵심	문제가 되는 상황, 즉 문제 상황을 지적한다.	주장과 근거를 말한다.	주장을 다시 요약한다.
예문	어른들이 어린이들을 깔보고 무시한다.	어른은 어린이를 존중해야 하는데 그 이유는 세 가지다.	어른은 어린이를 존중해야 한다. 그러면 모두가 행복해진다.

주장하는 글에서 가장 중요한 부분은 바로 본론입니다. 본론은 두 가지로 구성됩니다. 주장과 근거(이유)가 본론을 구성하는 요소입니다.

앞에서 살펴본 글에서 중심 주장은 '어른은 어린이를 존중해야 한다'입니다. 주장의 근거는 세 가지입니다. 첫 번째는 '어린이에게도 어른과 동등한 인권이 있기 때문에 존중해야 한다'였어요. 두 번째로 '서로 존중해야 모두 행복해진다'라고도 했어요. 세 번째로 '어른이 어린이를 무시하면 어린이 비만 문제가 생긴다'라고도 말했어요.

주장과 세 가지 근거를 정리해보면 아래처럼 됩니다.

주장	어른은 어린이를 존중해야 한다.
근거	① 어린이에게도 어른과 동등한 인권이 있다. ② 서로 존중해야 모두 행복해진다. ③ 어른이 어린이를 무시하면 어린이 비만 문제가 생긴다.

윗글에서는 주장이 분명하고 근거도 세 가지나 제시했어요. 주장하는 글의 필수 내용이 형식적으로는 잘 갖추어져 있습니다.

짚고 넘어가야 할 게 있어요. 세 번째 근거에 문제가 있습니다. "어른이 무시하면 어린이는 스트레스 때문에 많이 먹고 어린이 비만 문제가 커진다"라고 했는데 선뜻 동의하기 어려워요. 일반적이지 않기 때문입니다.

어린이가 꼭 알아야 할 중요한 개념입니다. '일반적'이라는 건 '거의 모두가 그렇다'는 뜻입니다. 하루 세 끼를 먹는 게 일반적입니다. 여덟 살에 초등학교에 입학하는 게 일반적이에요. 그런데 무시당한 뒤 치킨을 먹고 싶은 게 일반적인가요? 아닙니다. 이처럼 일반적이지 않은 일은 주장의 근거가 되기 어렵습니다.

누구나 동의할 일반적인 근거를 제시해야, 주장에 '설득력'이라는 힘이 생깁니다.

한발 더 나아가서 생각해보겠습니다. 어떤 것이 좋은 근거일까요? 세 가지 요건을 들 수 있습니다.

좋은 근거의 요건	예문
① 누구나 동의하는 상식	• 어린이도 인권이 있다. • 독서를 많이 하면 어휘력이 향상된다. • 부모는 자녀를 언제나 사랑한다.
② 통계 수치	• 어린이 중 3분의 1이 수면 부족이라는 통계가 있다. • 한국 어린이가 세계에서 가장 불행하다는 통계가 있다. (연세대 사회발전연구소의 2016년 조사 자료)
③ 전문가 의견	• 미국의 신경학자 프레드 노어Fred Nour에 따르면, 사랑은 2년 6개월 뒤에 식는다. • 천문학자들에 따르면, 태양은 50억 년 뒤에 소멸된다.

누구나 동의하는 상식:
어린이도 인권이 있다.

좋은 근거
세 가지

통계 수치:
어린이 중 3분의 1이
수면 수족이라는 통계가 있다.

전문가 의견:
미국의 신경학자
프레드 노어에 따르면,
사랑은 2년 6개월 뒤에 식는다.

짧은 글로 연습해볼게요.

소율아. 시험 성적이 낮게 나왔어? 그래서 부모님이 너를 미워할 것 같아 걱정된다고 했지? 그런 걱정을 할 필요가 없어. 부모님은 자녀를 언제나 사랑하니까.

윗글의 주장은 '부모님이 미워할까 봐 걱정하지 말라'입니다. 근거는 '부모님은 자녀를 언제나 사랑한다'입니다. 부모님 사랑은 언제나 변치 않는다는 근거는 누구나 동의할 상식입니다. 앞선 페이지에서 살핀 '좋은 근거의 요건' 중 ①에 해당합니다.

우리나라 어른들은 자녀의 행복을 위해 세상에서 가장 많이 노력해야 한다. 한국 어린이들이 세상에서 가장 불행한 편이기 때문이다.
2016년 연세대 사회발전연구소가 발표했는데, 우리나라 어린이의 행복 지수가 경제협력개발기구OECD에 소속된 22개 나라 중에서 가장 낮았다고 했다. 초등학생뿐 아니라 중고등학생도 다른 나라 학생들에 비해 가장 불행했다. 2014년에 보건복지부가 발표한 조사 결과도 비슷했다. 공부 스트레스가 너무 커서 그런 것 같다.
우리나라 어린이가 세계적으로 불행하다. 그러니까 우리나라 어른들이 세상에서 가장 많이 애써야 한다. 어린이 행복을 위해서 말이다. 공부 부담도 줄이고 야단도 조금만 치면 어린이들은 더욱 행복해질 것 같다.

윗글에서 주장은 한국의 어른들이 어린이의 행복을 위해 가장 많이 노력해야 한다는 것입니다. 근거(이유)는 우리나라 어린이가 세계 최고 수준의 불행감을 느낀다는 조사 결과입니다. 신뢰할 만한 기관의 자료를 인용하여 주장의 설득력이 높습니다. 좋은 근거의 요건 중 ②에 해당하죠.

> 애써서 연애를 하지 말자. 초콜릿 사주면서 잘해줘봐야 소용없다. 미국의 신경학자인 프레드 노어Fred Nour에 따르면 사랑은 2년 6개월 뒤에는 모두 식는다. 아무리 서로 좋아해도 곧 지겨워진다는 말이다. 비싼 초콜릿은 혼자 먹는 게 낫다.

주장은 애써서 연애할 필요가 없다는 겁니다. 근거도 분명하게 제시되어 있습니다. 2년 6개월 뒤에는 사랑이 식어버리니까 사귀어봐야 소용없다는 것입니다. 전문가의 말을 근거로 내세웠어요. 좋은 근거의 요건 중 ③에 해당합니다. 설득력을 갖춘 근거입니다.

핵심 정리
① 주장하는 글의 핵심은 '주장과 근거'로 이루어집니다.
② 근거의 설득력이 높아야 주장도 힘을 얻습니다.
③ 누구나 동의할 상식, 통계 자료, 전문가 의견이 좋은 근거로 쓰입니다.

감각과 감정을
섬세하게 표현하는 글쓰기

자기감정을 자유롭게 표현하는 어린이가 행복합니다. 새로울 게 없는 당연한 이야기죠. 그런데 감정 표현이 쉽지 않은 게 문제입니다. 누가 억압하거나 금지하지 않더라도 감정 표현하는 것은 어렵습니다. 주된 원인은 어휘력이 부족해서입니다.

어린이들이 쓴 글을 보면 '기뻤다'와 '화났다'가 남발되어 있었습니다. 좀 더 섬세하게 표현할 수 있는데도 '기뻤다'라거나 '화났다'고 뭉뚱그리는 것이죠. '설렘' '기대감' '유쾌함' '흐뭇함' '만족감' 등은 '기쁨' 대신 쓸수 있는 단어들입니다. '화났다' 대신에 '서운했다' '질색했다' '미웠다' '싫었다' '불쾌했다' 등을 쓰면 감정 표현이 더 정확하고 풍부해집니다.

이번 장에서는 감각과 감정을 다채롭게 표현하는 데 필요한 어휘들을 소개합니다. 풍부한 어휘력은 정교한 글을 꽃피웁니다. 글쓰기 실력만 좋아지는 게 아닙니다. 어휘력이 좋은 어린이가 자기감정을 잘 다독입니다. 자기감정을 정확히 언어화해야 마음 치유가 시작됩니다. 이처럼 어휘력은 글쓰기 실력뿐 아니라 감정 조절 능력도 좌우합니다. 감정 어휘력이 늘어나면 어린이들의 행복도가 올라갑니다.

1

슬픔을 다양하게
표현하려면?

아이가 슬퍼하는 게 나쁜 일일까요? 아닐 겁니다. 슬픔은 예사로운 상실과 실망에 대한 자연스러운 반응이니까 나쁠 게 없습니다. 오히려 슬픔이 이롭기도 해요. 슬픔이 있어서 우리는 더 기쁠 수 있으니까요. 허기를 느껴야 식사가 더 즐거운 것과 같습니다.

그런데 '슬프다'는 표현을 너무 많이 쓰는 건 문제입니다. 우선 글과 말이 정교함을 잃기 때문이지만, 감정 조절 능력을 저해하는 원인도 되니까요. 매사에 '슬프다'고만 표현하면 정말로 깊은 슬픔의 수렁에 빠지게 됩니다. 과장된 슬픔에서 헤어날 수 없는 것이죠. '슬프다'를 대신할 다양한 어휘를 알면 자기감정을 좀 더 쉽게 다독일 수 있습니다.

예를 들어 보겠습니다. '슬프다'를 지나칠 정도로 많이 쓴 글입니다.

오늘은 슬펐다. 아침에 학교 가는데 비가 쏟아졌다. 조금이었지만 옷과 머리가 젖어서 슬펐다. 친구 영서가 아파서 결석했다. 슬펐다. 집에 돌아왔는데 강아지가 쳐다보지도 않았다. 슬펐다. 저녁 TV 프로그램들도 모두 재미없었다. 슬펐다.

'슬펐다'를 다섯 번이나 반복하는 글입니다. 더 좋은 글을 쓰려면, 슬픔을 정교하고 다양하게 표현하는 것이 좋습니다. '슬펐다'를 좀 더 정확한 어휘로 바꿔보면 아래와 같습니다.

오늘은 기분이 좋지 않았다. 아침에 학교 가는데 비가 쏟아졌다. 조금이었지만 옷과 머리가 젖어서 속상했다. 친구 영서가 아파서 결석했다. 걱정되었다. 집에 돌아왔는데 강아지가 쳐다보지도 않았다. 서러웠다. 저녁 TV 프로그램들도 모두 재미없었다. 실망이었다.

"슬펐다" 대신에 "기분이 좋지 않았다" "속상했다" "걱정되었다" "서러웠다" "실망이었다"를 쓸 수 있습니다. 이렇게 교체하여 같은 단어의 반복을 피하자 내용이 더 다채롭고 재미있어졌습니다.

'슬프다' 대신에 쓸 수 있는 낱말은 많습니다. 상황에 맞는 표현을 골라 쓰면 글이 더 좋아집니다.

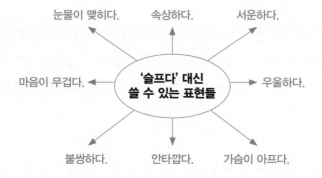

위의 감정 표현 낱말 중 몇 가지를 설명하겠습니다. '속상하다'는 마음이 편치 않고 우울하단 뜻입니다. 슬픈 일뿐 아니라 화가 나거나 실망했을 때도 쓰는 말입니다. 이 표현을 활용한 예를 들면 이렇습니다. '엄마와 다퉈서 속상했다.'

'눈물이 맺히다'는 열매가 나뭇가지에 매달려 있듯이, 눈물이 눈에 매달린 모양을 묘사하여 쓰는 표현입니다.

'불쌍하다'는 보기에 안쓰럽고 슬프다는 뜻입니다. '다친 강아지가 불쌍해서 나는 눈물을 흘렸다'라고 하죠.

'서운하다'는 마음이 섭섭하다는 의미입니다. 예를 들어서 '부모님이 나에게만 선물을 안 줘서 서운했다'라고 쓸 수 있습니다.

공부를 열심히 했는데 시험 성적이 도리어 떨어졌어요. 마음이 어떨까요? '서운하다'와 '불쌍하다'를 빼고 앞서 이야기한 표현 모두를 쓸 수 있습니다. '성적이 떨어져서 속상하다/우울하다/가슴이 아프다'

등이 가능합니다.

생일인 아이에게 친구들이 축하를 해주지 않아요. 아이의 마음은 어떨까요? '서운하다'가 가장 잘 어울립니다. 물론 '속상하다' '우울하다'도 괜찮습니다.

이외에도 '불쌍하다'와 비슷한 뜻으로 '안쓰럽다'와 '가엽다'와 '딱하다'가 있습니다. 또 큰 슬픔이 닥쳤을 때 '충격을 받다'라고 표현합니다. 시험에 떨어졌을 때는 '슬프다'도 되지만 '마음이 괴롭다'라고 할 수도 있습니다. 마음속이 타는 듯이 안타까운 느낌을 표현할 때는 '애타다' '애틋하다'라고 합니다. '애잔하다'는 불쌍하고 슬픈 느낌을 표현합니다.

가끔 아이와 '감정 맞히기 놀이'를 하면 어떨까요? 아이가 "오늘 슬펐다"라고 막연하게 말하면, 더 적확한 어휘를 함께 찾아보는 것입니다. "속상했다" "실망했다" "우울했다" "서운했다"라고 감정을 정교하게 표현하는 사이, 아이가 슬픔의 원인을 더 쉽게 찾아내며 점차 밝아질 수 있습니다.

2

기쁜 마음을
다채롭게 그려내려면?

'기쁘다'는 '슬프다'와 '맛있다'만큼이나 어린이들이 애용하는 낱말입니다. 앞뒤 따지지 않고 '기쁘다'라고 말하고 쓰는 어린이가 아주 많습니다. 예를 들어볼게요. 가족 여행을 앞두고 한 어린이가 기뻐하고 또 기뻐합니다.

내일 가족 여행을 가게 되어서 기쁘다. 엄마도 기쁘다. 아빠도 기쁘다. 심지어는 우리 강아지도 기뻐서 뛰어다닌다. 나는 넓은 바다를 볼 생각을 하니까 아주 기쁘다. 너무 기뻐서 잠이 안 온다.

"기쁘다"를 여섯 번 반복했어요. 뜻이 비슷한 낱말로 바꾸는 게 좋

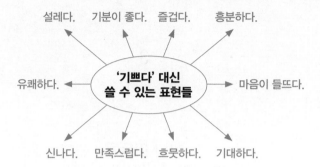

설레다.   기분이 좋다.   즐겁다.   흥분하다.

**'기쁘다' 대신
쓸 수 있는 표현들**

유쾌하다.   마음이 들뜨다.

신나다.   만족스럽다.   흐뭇하다.   기대하다.

습니다. 앞서 살핀 글을 고쳐볼게요.

내일 가족 여행을 가게 되어서 기쁘다. 엄마도 마음이 들떴다. 아빠도 기분이 좋다. 심지어 우리 강아지도 흥분해서 뛰어다닌다. 나는 넓은 바다를 볼 생각을 하니까 아주 기대된다. 너무 설레서 잠이 안 온다.

여러 가지 표현으로 바꾸니까 지루하지 않고 흥미로운 글이 되었습니다.

3

화난 마음을
열 가지로 나타내는 방법

이번에는 '화나다'에 대해서 이야기해볼게요. 먼저 화가 머리 끝까지 난 어린이가 쓴 글을 소개합니다.

가족 여행이 취소되어서 모두 화가 났다. 엄마는 화가 나서 친구들을 만나러 나가버렸다. 아빠는 화나서 저녁밥 준비도 안 한다. 강아지도 화가 나서 내 스마트폰을 물어뜯었다. 나는 화가 나서 몸에 힘이 전혀 없다.

'화나다'가 남용되어 있습니다. 중복 표현을 다른 낱말로 바꿔야 좋습니다. 그러기 위해서는 '화나다' 대신 쓸 수 있는 표현을 알아야 합니다.

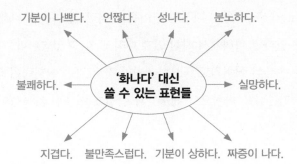

기분이 나쁘다. 언짢다. 성나다. 분노하다.

'화나다' 대신 쓸 수 있는 표현들

불쾌하다. 실망하다.

지겹다. 불만족스럽다. 기분이 상하다. 짜증이 나다.

대신해서 쓸 단어를 알았으니 '화나다'가 반복되는 지루한 문장을 고칠 수 있습니다.

가족 여행이 취소되어서 모두 화가 났다. 엄마는 기분 나빠서 친구들을 만나러 나가버렸다. 아빠는 언짢아서 저녁밥 준비도 안 한다. 강아지도 짜증 나서 내 스마트폰을 물어뜯었다. 나는 실망해서 몸에 힘이 전혀 없다.

'화났다'를 다양한 표현으로 바꿨습니다. 지루하지 않고 흥미로운 글이라 평가할 수 있겠네요.

어린이는 대개 단순하게 표현합니다. '기쁘다'와 '화나다'만 무한 반복하다시피 하면서 말하고 글을 쓰는 경우가 많죠. 그 대신 쓸 만한 낱말을 알려주면 말과 글의 수준이 쑤욱 높아질 것입니다.

가령 '기쁘다'라는 표현만 쓰는 아이는 의사소통에서 무력감에 빠질 수 있습니다. 미국에 살면서 'happy'밖에 모르는 외국인과 비슷하겠죠. 자기 유능감이 떨어질 것입니다. 'merry' 'glad' 'cheerful' 'delighted' 'up' 등의 다양한 단어를 써서 기쁜 마음을 다채롭게 표현할 수 있다면 파티에서 자신 있게 대화도 할 수 있습니다.

다른 종류의 어휘력도 중요하겠지만 감정 관련 어휘력이 풍부해야 튼튼한 자존감을 바탕으로 친구들과 즐겁게 어울릴 가능성이 높아집니다.

핵심 정리

감정 어휘력이 풍부해지면 자존감이 높아집니다.

4

'재미있다'에 숨어 있는
세 가지 의미

아이가 많게는 하루 수십 번씩 쓰는 말이 '재미있다'입니다. 뭐든 재미있다고 말합니다. "오늘 학교생활은 어땠어?"라고 엄마가 물어도 "재미있었어요"라고 답하죠. 또 "친구들과는 잘 놀았어?"라는 질문에도 "재미있었어요"라고 합니다. 독서 감상문이나 기행문의 끝에도 '참 재미있었다'가 자주 나옵니다.

　아이가 입에 달고 사는 '재미있다'의 속뜻은 정말 뭘까요? 하도 많이 쓰는 표현이라서 열심히 분석해봤습니다. 제 생각에 '재미있다'의 뜻은 세 가지입니다. '감동적이다' '웃기다' '흥미롭다'로 나눌 수 있지요. 예를 들어볼게요. 한 초등학생이 쓴 일기 중 일부입니다.

어제는 《강아지똥》을 읽었다. 참 재미있었다. 아침에는 TV에서 〈런닝맨〉을 봤다. 아주 재미있었다. 지금은 《우주 이야기》를 읽고 있다. 너무 재미있다.

《강아지똥》이 재미있다는 것은 정확히 무슨 뜻일까요? 먼저 이야기 내용을 알아야 파악할 수 있습니다. 동화 《강아지똥》의 주인공은 강아지 똥입니다. 사람들은 강아지 똥을 더럽다며 멀리했는데 어느 날 강아지 똥은 거름이 되어서 꽃을 피우게 했어요. 강아지 똥은 더럽지 않습니다. 예쁜 꽃을 피운 강아지 똥은 귀하고 소중한 존재입니다. 어떤 존재든 모두 귀하다는 것이 동화 《강아지똥》의 메시지입니다.

《강아지똥》은 재미있는 이야기입니다. 그런데 구체적으로 '감동적이다' '웃기다' '흥미롭다' 중에서 어느 것일까요? 물론 어느 것이나 됩니다. 사람마다 감상이 다를 테니까 정답은 없죠. 그래도 '감동적이다'가 좀 더 어울립니다. 책을 읽으면 마음이 뭉클하고 눈물도 나니까 웃음과 흥미에 비해서 감동의 비율이 높다고 볼 수 있어요.

TV 프로그램인 〈런닝맨〉도 재미있죠. 그런데 어떤 재미일까요? 〈런닝맨〉은 무엇보다 웃음을 주는 예능 프로그램입니다. 〈런닝맨〉이 가끔 감동을 주고 흥미로운 것이 사실이어도, 웃음을 주는 경우가 훨씬 많으니까 〈런닝맨〉은 웃겨서 재미있는 것입니다.

그럼 《우주 이야기》라는 책은 어떨까요? 과학 책일 테니까 지적인 호기심을 자극한다는 점에서 '흥미롭다'에 가깝습니다. 감동적이고 웃음을 주는 과학 책도 많지만, 일반적으로 과학 책은 지적 흥미를 일으키기 때문에 재미있습니다.

이제 세 가지 표현을 활용해서, 위의 글을 고칠 수 있습니다.

어제는 《강아지똥》을 읽었다. 눈물이 핑 돌게 감동적이었다. 아침에는 TV에서 〈런닝맨〉을 봤다. 보면서 배가 아플 정도로 웃었다. 지금은 《우주 이야기》를 읽고 있다. 아주 흥미롭다.

'재미있다'를 세 가지 표현으로 바꾸었더니 표현이 풍부한 글이 됐습니다. 똑같은 낱말이 반복되면 글이 단조롭습니다. 변화가 없어서 지루한 느낌이 듭니다.

가령 '이것도 슬프고 저것도 슬프고 그것도 슬프다'라는 표현은 단조롭습니다. '슬프다'만 반복하니까 읽기에 지루한 것이죠. 다른 표현들로 바꾸면 달라집니다. '이것은 안타깝고 저것은 서운했고 그것은 속상하다'라고 쓰면 단조로움을 피할 수 있습니다.

'재미있다'도 마찬가지입니다. 뭐든지 다 재미있다고 쓰면 너무 단조로워요. 단순해서 지루한 것이죠. 다른 말로 바꿔서 표현해야 새로운 느낌이 듭니다. 글과 말에서 '재미있다'만 많이 쓰는 아이에게 '감동적이다' '웃기다' '흥미롭다'라는 표현을 대신 쓰도록 가르치면 좋겠습니다.

여기서 한 걸음 더 나아갈 수 있어요. '감동적이다' '웃기다' '흥미롭다'를 의미에 따라 나눌 수 있습니다. '감동적이다'와 비슷한 뜻의 표현은 많아요. '감탄했다' '감명받았다' '감격했다'가 있죠. 또 '벅찬 감동을 느꼈다' '감격의 눈물을 흘렸다' '표현하기 어려울 정도로 깊은 감동을 느꼈다'라고 할 수도 있어요.

'웃기다'도 여러 가지로 바꿀 수 있어요. '우습다' '폭소가 터졌다' '웃음이 나온다' '웃음을 참지 못했다'라고도 쓸 수 있지요.

'흥미롭다'도 비슷한 표현이 많아요. '신기하다' '놀랍다' '호기심을 느끼다' '호기심이 타오른다' '관심이 생기다' 등이 비슷합니다.

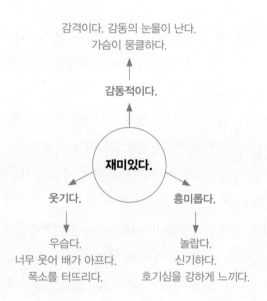

감격이다. 감동의 눈물이 난다.
가슴이 뭉클하다.

↑

감동적이다.

↑

재미있다.

웃기다.   흥미롭다.

↓   ↓

우습다.   놀랍다.
너무 웃어 배가 아프다.   신기하다.
폭소를 터뜨리다.   호기심을 강하게 느끼다.

이제 우리는 앞에서 고친 문장을 또 다르게 바꿀 수 있어요.

어제 읽은 《강아지똥》은 마음이 무척 아프면서도 뭉클했다. 오늘 아침에는 <런닝맨>을 보면서 폭소를 터뜨렸다. 지금 읽는 《우주 이야기》는 조금 어렵지만 신기한 이야기가 많다.

'감동적이다' '웃기다' '흥미롭다'를 또 다른 표현으로 바꿔서 글을 고쳐봤습니다. 훨씬 풍부한 느낌을 주는 글이 되었습니다. 읽는 사람의 마음도 조금 더 움직입니다. '나도 《강아지똥》을 읽으며 감동하고 싶고 〈런닝맨〉을 보면서 웃음을 터뜨리고 싶다'라고 공감할 가능성이 높아집니다.

5

감정 표현 글을
길게 쓰는 방법

어린이들은 긴 글 쓰기를 까다롭게 느낍니다. 특히 감정 표현 글을 길게 쓰는 건 더욱 어렵게 느낍니다. 그런데 방법이 있습니다. 두 가지 방법을 활용하도록 알려주면 기쁘고 슬픈 마음을 긴 글로 표현할 수 있습니다.

'시간 여행'과 '사람 여행'을 하면 글의 분량이 늘어납니다. 두 가지 개념은 제가 만든 것이지만, 유명 소설가를 비롯한 여러 문필가가 이미 이 방법을 쓰고 있습니다. 우리 아이들도 시간 여행을 하고 사람 여행을 하면, 길고 재미있는 글을 써낼 수 있습니다.

예를 들어볼게요. 어떤 어린이에게 기쁜 일이 생겼어요. 시험 성적이 오른 겁니다. 지난번에는 65점이었는데 이번에는 75점을 받았어요. 기쁜 마음을 글로 표현하고 싶어서 이렇게 썼어요.

시험 성적이 올랐다. 지난번보다 10점이나 높다. 너무너무 기뻤다.

'기뻤다' 다음에는 무엇을 써야 할까요? 많은 어린이가 떠오르는 게 없다고 하소연해요. 이럴 때는 '시간 여행'과 '사람 여행'을 하면 됩니다. 과거와 미래를 생각하면, 쓸거리가 떠오릅니다. 그리고 사랑하는 사람들을 생각해도 쓸거리가 번쩍 생각납니다.

시간 여행 기법

먼저 '시간 여행 기법'부터 설명하겠습니다. 과거와 미래를 생각하면서 위의 글을 보강해보겠습니다.

> 시험 성적이 10점이나 올랐다. 100점이 아니라 75점이지만 나는 자랑스럽다. 노력을 많이 한 나 자신이 사랑스럽다. 기분이 좋았다. 눈물이 났다. 지난번에는 시험 성적이 떨어져 울었는데 오늘은 기뻐서 울었다. 지난번에는 (…)

과거를 돌아본 어린이는 성적 때문에 슬펐던 기억이 떠올랐습니다. 그걸 쓰면 됩니다. 예를 들면 이런 내용도 덧붙일 수 있어요.

> 지난번에는 시험 때 실수를 저질렀는데 이번에는 더 조심했다. 그랬더니 성적이 올랐다. 가슴이 벅차다.

과거 여행을 했으니 이제 미래 여행을 해볼 차례입니다.

> 시험 성적이 올랐다. 기분이 좋았다. 다음에도 계속 점수를 높이고 싶다. 그
> 러면 미래에 내 꿈을 이룰 수 있을 것이다. 내 꿈은 (…)

미래를 생각하면 쓸거리가 떠오릅니다. 글이 길어지고 흥미도 늘어
납니다. 가령 이렇게 덧붙일 수 있습니다. "내 꿈은 ~이다. 그 꿈을 이
루려면 ~해야 한다. 꿈을 이루면 행복할 것 같다."

이렇게 어린이가 자신의 과거와 미래를 생각하면 다양한 쓸거리가
떠오릅니다.

사람 여행 기법

이번에는 '사람 여행 기법'입니다. 사랑하는 사람들을 하나하나 생
각하면 쓸거리가 와르르 쏟아집니다.

가령 아이가 사랑하는 사람 중에는 엄마가 있어요. 아빠와 친구도

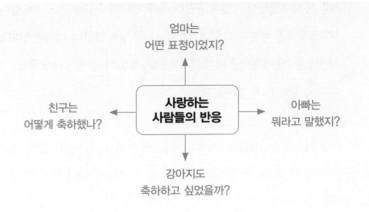

사랑하는 사람이죠. 또 강아지가 사람은 아니지만 사랑하는 가족입니다. 사랑하는 사람들을 생각하면 글감이 저절로 떠오릅니다.

① 시험 성적이 올랐다. 구5점이니까 지난번보다 10점이나 높다. 100점이 아니면 어때. 힘껏 노력한 나 자신이 훌륭하다고 생각한다. 현관문을 여니까 강아지가 꼬리치며 달려왔다. 강아지도 축하해주는 것 같았다. 우리 강아지는 조금 무뚝뚝한 편이지만 오늘은 나에게 무척 다정했다.

② 엄마도 박수를 치며 활짝 웃으셨다. 포기하지 않고 노력한 내가 자랑스럽다고 하셨다. 그리고 점수 100점보다는 노력 100점이 훨씬 멋있는 거라는 말씀도 하셨다. 행복한 날이다. 오늘 엄마는 나보다 더 기뻐했다. 엄마가 나를 사랑한다는 걸 오늘도 또 느꼈다.

①은 강아지를 떠올리면서 썼고 ②는 엄마를 생각하며 쓴 글입니다. 글 내용이 풍성합니다. 아랫글처럼 친구를 떠올려도 됩니다.

시험 성적이 올랐다. 기분이 좋았다. 친구 연서가 축하해줬다. 고마웠다. 채우도 박수를 쳐줬다. 그런데 소율이는 아무 말이 없었다. 성적이 떨어져서 한숨을 쉬는 소율이를 내가 위로해줬다. 점수보다는 얼마나 노력했는지가 더 중요하다고도 말해줬다.

아이가 사랑하는 사람을 떠올리게 도와주세요. 엄마의 표정, 아빠의 말씀, 친구의 축하, 강아지의 반응 등을 표현하면 글이 훨씬 풍성하고 재미있어집니다.

6

맛과 촉감을
정교하게 표현하려면?

맛 표현하기

맛있는 음식은 축복입니다. 맛난 음식을 먹는 것이 행복으로 가는 지름길이죠. 그런데 같은 음식을 먹고도 두 배 맛있고 서너 배 행복해지는 비법이 있어요. 음식 맛을 섬세하게 표현하면 즐거움이 커집니다.

예를 들어볼게요. 파스타를 먹은 어린이가 일기를 썼다고 가정해보죠. 어느 글이 더 맛있게 표현했나요?

① 오늘은 가족과 외식을 했다. 나는 해물 파스타를 먹었다. 아주 맛있었다. 한 그릇을 다 먹었다. 맛있는 걸 먹으니 기분이 좋아졌다. 오늘 나는

행복하다.

② 오늘은 가족과 외식을 했다. 나는 해물 파스타를 먹었다. 해물을 넣은 토마토 소스 파스타였다. 오징어와 홍합은 질길 줄 알았는데 부드럽게 씹혔다. 또 새콤한 토마토 맛은 지금 생각해도 침이 고인다. 맛있게 한 그릇을 비웠더니 기분이 좋아졌다.

②가 ①보다는 더 흥미롭게 읽힙니다. 맛을 구체적으로 표현했기 때문이에요. ①은 단순히 "아주 맛있었다"라고 했지만 ②는 맛을 자세히 묘사했습니다. 상세한 묘사 덕분에 읽는 사람도 새콤한 파스타를 입에 넣는 기분이 듭니다.

보통 아이들은 ①처럼 씁니다. '맛있었다'라는 표현을 주로 씁니다. 다양한 단어를 쓰지 못합니다. 또 구체적인 묘사도 어려워합니다. 이

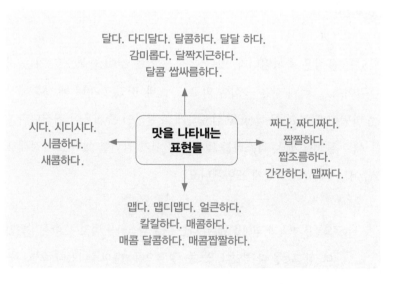

런 아이에게 무엇보다 다양한 어휘를 가르쳐줘야 합니다.

'맛있다'를 대신할 수 있는 다양한 맛 표현이 있습니다. '새콤한' '짭조름한' '달콤한' '감미로운' '쌉싸름한' '짭짤한' 등 독자의 상상을 자극하는 표현을 쓰면 글맛도 좋아집니다.

맛을 표현하는 말들을 읽기만 해도 맛이 느껴집니다. '시디시다'라고 하면 몸이 오싹해지죠. 또 '짭짤하다'는 침을 돌게 만드는데, '찝찔하다(맛없고 조금 짜다)'는 입맛을 잃게 합니다. '매콤 달콤하다'라는 말을 들으면 떡볶이나 양념치킨이 떠올라서 기분이 좋아져요. 아이가 다양한 맛 표현을 활용하면서 글을 쓰도록 도와주세요. 더 맛있는 글이 될 것입니다.

촉감 표현하기

다음으로 촉감 묘사에 대해 이야기를 해보겠습니다. 어느 글이 더 생생한지 평가해보세요.

① 어깨가 축 처져서 집에 왔다. 내일 시험 걱정 때문에 마음이 무거웠다. 어느새 꼬리 치며 다가온 강아지를 꼭 껴안았다. 사랑하는 강아지 덕분에 마음이 편해졌다.

② 어깨가 축 처져서 집에 왔다. 내일 시험 걱정 때문에 마음이 무거웠다. 어느새 꼬리 치며 다가온 강아지를 꼭 껴안았다. 강아지 털은 오늘따라 더 보들보들했다. 촉촉하고 따뜻한 혀가 내 볼에 닿았다. 간지러

위 웃음이 났다. 내 마음이 곧 푸근해졌다.

②를 읽는 사람은 실제로 강아지를 껴안은 듯한 느낌이 듭니다. 강아지 털과 혀의 감촉을 세밀하게 묘사했기 때문입니다. 그림 그리듯이 대상을 자세히 설명하면 글에 생동감이 넘칩니다. 읽는 사람도 글에 더욱 몰입하게 되지요.

아이가 ②와 같이 생생한 글을 쓰면, 촉감 관련 표현을 많이 알아야합니다. 몇 가지를 정리해서 소개해보겠습니다.

촉감 표현		
보드랍다. 부드럽다. 보드레하다. 보들보들하다. 거칠다. 깔깔하다. 반질반질하다.	포근하다. 포근포근하다. 푸근하다. 폭신하다. 곱다. 말랑하다. 딱딱하다.	시원하다. 따듯하다. 따뜻하다. 다사롭다. 따사롭다. 뜨겁다.

색감 표현하기

사람은 보통 시각을 통해서 많은 정보를 얻습니다. 우리말은 특히 시각 관련 표현 중에서도 색깔을 나타내는 말들이 흥미롭고 다채롭죠.

색깔을 나타내는 표현		
빨강	하양	검정
붉다.	희다.	검다.
연붉다.	하얗다.	거멓다.
발갛다.	허옇다.	꺼멓다.
희붉다.	새하얗다.	새까맣다.
새빨갛다.	희디희다.	검붉다.
붉디붉다.	희끄무레하다.	거뭇거뭇하다.
불그죽죽하다.	희읍스름하다.	거무칙칙하다.
불그스름하다.	희멀겋다.	거무스름하다.

색감 표현을 이용해서 문장을 만들어보겠습니다.

- 희디흰 구름 위에서 새하얀 눈이 덮인 세상을 내려다보았다.
- 엄마는 연붉은 티셔츠를 입고 나는 새빨간 바지를 입었다.
- 안개가 끼어 달빛이 희끄무레했다.
- 검붉은 노을이 아름다웠다.
- 집에만 있는 그의 얼굴은 희멀겋고 운동을 즐기는 그녀의 얼굴은 새까맣다.
- 옷 색깔이 거무칙칙하다.

핵심 정리

저 많은 표현을 아이에게 한꺼번에 주입하는 것은 불가능합니다. 생동감 넘치는 감각 표현이 많다는 걸 알려주는 것만으로도 충분합니다. 관심이 생긴 아이는 점차 어휘력을 키울 테고 머지않아 생동감 넘치는 글을 쓸 수 있습니다.

창의적이고 심층적인
글쓰기 기법

이번 장에서는 설명하는 글에 관해 알아보겠습니다. 설명하는 글은 대상에 대한 정보를 제공합니다. 초등학생이 알아야 하는 설명 방법은 비교, 대조, 분석, 분류 네 가지입니다. 비교, 대조, 분석, 분류를 적용한 글은 수준이 높습니다. 빼어난 창의성과 날카로운 관찰력이 있어야 쓸 수 있죠. 수준 높은 설명 글을 쓰다보면, 창의성과 관찰력을 갖춘 어린이로 성장할 수 있습니다. 용어 자체도 딱딱한 느낌이어서 부담스러울 수 있지만, 쉽게 설명해주면 금방 익힐 수 있습니다.

1

비교와 대조:
공감과 존중 배우기

둘 이상의 대상에서 공통점을 찾는 것을 '비교'라고 하고, 차이점에 주목하는 것을 '대조'라고 합니다. 가령 엄마와 아이의 공통점을 찾아서 설명하면 비교입니다. 반대로 둘에게 어떤 차이가 있는지 설명한다면 대조의 방법을 택한 것입니다.

비교하며 친밀감 느끼기

아이에게 "엄마와 너의 공통점이 뭘까?"라고 물어보세요. 아이는 비교를 시작합니다. 먼저 엄마의 특징을 훑어보고, 몇 가지 정보를 머릿속에 저장합니다. 그다음 자신을 관찰한 뒤 머릿속 엄마의 정보와 일치하는 것을 골라 말할 것입니다. 즉, 엄마를 관찰한 뒤 자기 머릿속으로 이동하고, 그다음 자신을 관찰하고 자기 머릿속으로 옮겨가는, 고차원적인 사고 과정을 거칩니다. 이와 같은 비교 과정을 통해 아이가 다음의 결론을 얻었다고 가정해볼게요.

엄마와 아이의 공통점

- 차분하게 말한다.
- 아이돌을 좋아한다.
- 초콜릿을 무척 사랑한다.
- 왼쪽 팔뚝에 점이 있다.
- 수줍음이 많아 사람들 앞에 나서지 못한다.

이렇게 대상들의 공통점을 찾으려 애쓰다보면 대상을 더 잘 알게 됩니다. 가령 미국과 영국을 비교한 뒤에는 두 나라에 대한 이해가 더 깊어지겠죠. 또 아이폰과 갤럭시를 비교한 글을 쓰고 나면 스마트폰에 대한 지식이 늘어납니다. 자신과 엄마를 비교하는 아이도 그간 인지 못 했던 사실을 인지하며 놀랄 겁니다.

비교는 정서도 변화시킵니다. 나와 타인의 공통점을 찾아내면 상대를 좋아하는 마음이 생깁니다. 엄마와 자신의 왼쪽 팔에 똑같이 점이 있다는 걸 안 아이는 엄마에게 친밀감을 느끼겠죠. 또 똑같이 수줍음이 많은 걸 깨달은 뒤에는 서로 위로해주고 싶을 것입니다.

부모님도 아이에게서 공통점을 찾아보세요. 어릴 적 나 자신과 어린 자녀는 비슷한 면이 많을 겁니다. 습관이나 취향도 비슷할 테고 가끔 고민과 좌절감에 시달리는 것도 닮았을 거예요. 아이는 부모와 닮지 않을 수 없습니다. 팔뚝 위의 점처럼 똑같은 기쁨과 슬픔을 아이도 아마 공유할 것입니다. 그렇게 생각하면 연민과 공감이 더 깊어집니다. 공통점을 찾고 비교하는 과정에서 가족이 친밀해집니다.

대조하며 관찰력 키우기

각 대상의 차이점을 찾아서 설명하는 방법을 '대조'라고 합니다. 엄마와 아이도 독립적 개체니까 분명히 서로 다른 면이 있을 겁니다. 예를 들어 엄마와 자신을 대조한 한 아이는 아래와 같은 결론을 내렸습니다.

	엄마	나
차이점	동물을 무서워한다. 마음이 힘들면 책을 편다. 자녀 걱정을 자주 한다. 친구를 한 달에 한 번 만난다.	동물을 좋아한다. 마음이 힘들면 스마트폰을 켠다. 엄마 걱정을 거의 하지 않는다. 친구를 매일같이 만난다.

두 대상을 대조하는 훈련을 하다보면 당연히 아이의 관찰력이 자라납니다. 대상에 대한 지식도 늘어나죠. 예를 들면 강아지와 고양이의 차이점을 정리해서 발표한 아이는 친구들 사이에서 반려동물 전문가로 통할 것입니다. 엄마를 자신과 대조한 뒤에는 엄마와 자신의 몰랐던 면모에 눈을 뜰 것입니다. 대조도 비교처럼 관찰력과 지식을 키웁니다.

친구와 자신을 대조해보도록 아이에게 권해보세요. 마음에 들지 않는 친구와 자신의 성향이 다르다는 사실을 깨닫고 인정하면 존중하는 마음이 생길 수 있습니다. 아이에게 "동생과 싸우지 마라"라고 야단만 치지 말고 둘 사이의 차이점을 알려주는 것도 좋은 방법입니다. 성격이 다르고 표현 능력도 다르다는 걸 일깨워주면, 아이들 사이에 이해와 존중이 싹틀 것입니다. 앞서 설명한 비교가 공감의 시작이라면 대조는 존중의 시작점입니다.

종합해보겠습니다. 비교와 대조를 통해 알아낸 것을 그림으로도 표현할 수 있습니다. 아래 벤다이어그램에서 두 원이 겹치는 부분이 교집합입니다. 교집합 속의 내용이 공통점이고 그 밖에 있는 내용은 차이점입니다.

앞에서 비교와 대조를 가르치면 아이의 관찰 능력이 향상된다고

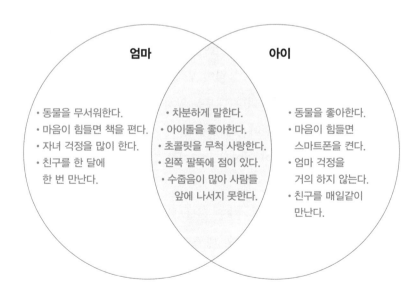

말씀드렸습니다. 나 자신과 남을 면밀히 살펴서 공통점과 차이점을 찾다보면 어린이의 시각이 예리해집니다. 정확히 관찰하는 어린이가 설득력 높은 글을 쓰고 호소력 있는 말을 합니다.

개미나 나뭇잎 등 구체적인 대상을 살피는 관찰 능력도 중요하지만, 사람의 마음 같은 추상적인 대상을 관찰하는 능력도 소중합니다.

비교와 대조로 멋있고 긴 글 쓰기

아이들은 보통 길게 말하지 못합니다. 글을 길게 쓰는 건 더욱 어려워하죠. 원인이 뭘까요? 지적 능력이 부족해서일까요? 대체로 아닙니다. 더 중요한 원인이 있습니다. 대부분 말하고 글 쓰는 기술이 부족한 이유가 큽니다. 머릿속과 마음속에 할 말이 가득한데 건져 올릴 기술이 없는 것입니다. 그물이 없어서 물고기를 잡지 못하는 어부와 같은 처지입니다.

논리적 글쓰기에 필요한 기술을 선물하는 것은 이 책의 목표 중 하나입니다. 앞에서 소개한 비교와 대조도 좋은 기술입니다. 이 기술들을 구체적으로는 어떻게 활용해야 할까요? 두 가지 예를 들겠습니다.

먼저 독창적인 독서 감상문을 쓸 때 비교와 대조의 기술이 유용합니다. 가령 신데렐라와 백설공주를 하나로 엮어서 글을 쓸 수 있습니다. 둘 사이에 어떤 공통점과 차이점이 있을까요? 아이들을 가르치면서 제가 제시했던 내용과 아이들이 내놓은 아이디어를 한데 모았습니다.

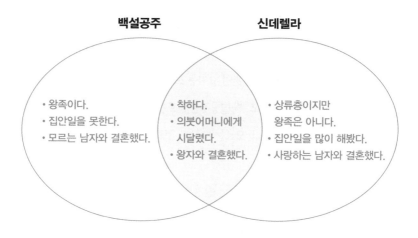

위와 같이 정리했으면 이제 재미있는 글을 길게 쓸 준비를 끝낸 것이나 다름없습니다. 벤다이어그램의 내용을 서술만 하면 됩니다.

제목 내가 백설공주보다 신데렐라를 더 좋아하는 이유

어릴 때 좋아했던 《신데렐라》와 《백설공주》를 오늘 다시 읽었다. 신데렐라와 백설공주는 공통점이 많다. 착하고 의붓어머니 때문에 심하게 고생했다는 점도 공통점이다. 그리고 고생 끝에 왕자와 결혼했다는 것도 같다.

그런데 신데렐라와 백설공주는 다른 면도 많다. 첫 번째로 둘은 신분이 다르다. 신데렐라도 상류층 집안 출신이지만 왕족인 백설공주와는 비교가 되지 않는다. 생활 능력도 차이가 크다. 신데렐라는 집안일을 많이 해봤다. 청소도 했고 식구들이 먹을 음식을 만들었다. 그런데 백설공주는 공주니까 집안일을 안 해봤을 것이다. 백설공주는 숲속의 키 작은 친구들의 도움을 받아야 했다. 혼자였다면 밥도 못 해먹을 것 같다.

내가 꼭 강조하고 싶은 중요한 차이점이 있다. 신데렐라는 사랑하는 사람과 결혼했다는 것이다. 왕자와 춤도 추고 이야기도 하면서 사랑을 키운 뒤에 결혼하였다. 그런데 백설공주는 낯선 사람과 결혼한다. 독사과를 먹고 쓰러진 백설공주에게 키스했던 왕자는 모르는 사람이었다. 신데렐라는 사랑하는 사람과 결혼했고, 백설공주는 모르는 남자와 결혼했다. 생각할수록 백설공주가 불쌍하다. 모르는 사람과 결혼하는 건 아주 슬픈 일이다.

윗글은 비교와 대조의 방법을 활용해서 쓴 글입니다. 글을 읽으면 신데렐라와 백설공주가 어떤 사람인지 선명하게 알게 됩니다. 또 글쓴이의 관찰력과 창의성에 박수를 보내고 싶습니다.

어떻게 하면 좋은 글을 쓰도록 아이를 독려할 수 있을까요? 새로운 시각을 트여주면 됩니다. "백설공주와 신데렐라 사이에는 공통점과 차이점이 있다"라고 힌트만 줘도 아이는 생각을 찾아낼 그물을 얻게 됩니다. 비교와 대조라는 그물로 자기 머릿속의 아이디어를 건져 올릴 수 있는 것이죠.

비교 분석의 대상이 책이 아니어도 괜찮습니다. 아이가 일상에서 즐기는 것을 대상으로 삼으면 효과가 더 높아집니다. 가령 피자와 핫도그를 비교하고 대조할 수 있습니다. 아이에게 물어보세요. 피자와 핫도그의 공통점과 차이점이 뭐냐고 말입니다. 비교와 대조에 익숙하

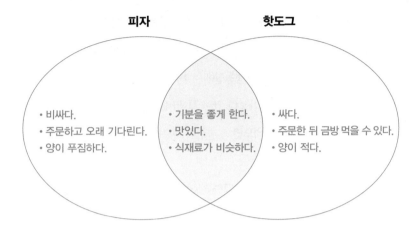

지 않은 아이는 대답을 단번에 못 할 수도 있습니다. 이럴 때는 아래의 내용을 예시하면 도움이 됩니다.

아이가 몇 가지 공통점과 차이점을 찾아냈다면 길거나 짧거나 글을 쓸 준비를 마친 셈입니다.

제목 피자와 핫도그를 비교하고 대조해봤다

어제는 피자를 먹었고 오늘은 핫도그를 먹었다. 두 음식은 전혀 다른 것 같지만 공통점이 있다. 가장 중요한 공통점은 기분을 좋게 만든다는 사실이다. 피자나 핫도그를 먹으면 마음이 금세 밝아진다. 두 번째로 맛있다는 것도 뺄 수 없는 공통점이다. 세 번째로는 재 료도 비슷하다. 피자와 핫도그에는 치즈와 밀가루와 소시지가 똑같이 들어간다.

그런데 둘은 분명히 차이가 있다. 피자는 비싸다. 엄마가 돈을 내지만 너무 비싸다는 생각이 든다. 카드 할인이 된다는 점은 그래도 아주 다행이다. 두 음식은 기다리는 시간도 다르다. 피자는 주문해서 도착할 때까지 오래 기다려야 한다. 어떨 때는 한 시간 이상 기다린다. 그에 비해 핫도그는 주문한 뒤 금방 먹을 수 있다. 냉동실에서 꺼내서 전자레인지에 1분만 돌리면 된다. 대신 핫도그는 피자보다 양이 적어서 아쉽다. 두 개를 먹어도 부족하다. 그렇다고 세 개를 먹으면 좀 물린다. 피자는 푸짐하다. 많이 먹을 수 있어서 좋다.

결론이 뭐냐고? 피자와 핫도그는 개성이 뚜렷하다. 나는 둘 다 좋다. 없어서 못 먹을 뿐이다.

글을 읽으면 피자와 핫도그가 얼마나 맛있는 음식인지, 또 어떤 장단점이 있는지 상세히 알 수 있습니다.

물론 처음부터 좋은 글을 쓰는 건 어렵습니다. 아이가 차이점과 공통점을 단 하나만 찾아도 박수를 보내는 편이 좋습니다. 낙관해도 좋습니다. 아이의 비교 및 대조 능력이 나날이 성장할 테니까요.

핵심 정리

부모님은 아이에게 두 개 이상의 대상이 유사하기도 하고 다르기도 하다는 걸 자주 알려줘야 합니다. 어제 본 만화책과 오늘 본 만화영화를 비교하도록 이끄는 것도 방법입니다. 파스타와 라면을 비교·대조할 수도 있겠죠. 이 예능과 저 예능의 공통점은 뭐냐고 물어봐도 좋습니다.

비교·대조 능력이 초등학생 시절의 글쓰기 실력만 늘려주는 것은 아닙니다. 평생 여러모로 유익하게 활용할 수 있고, 가령 유능한 사회

인으로 실력을 겸비하는 데도 도움을 줍니다. 여러 가지 사업 전략을 비교·대조하면서 설득력 있게 의견을 밝히는 사람은 자기 유능감에 뿌듯하겠죠.

비교·대조 능력은 대인 관계도 좋게 만듭니다. 타인과의 공통점을 인지하는 사람은 남을 경계하지 않고 친화적인 태도를 보입니다. 또 남과 자신의 차이를 인정하며 이해의 폭을 넓히죠. 공통점을 인지하고 차이를 인정하는 어린이는 이후 대인 관계도 원만할 것입니다.

2

분석: 분해하고
꿰뚫어보는 실력 키우기

앞에서 설명한 글을 쓰는 방법 네 가지 중 비교와 대조에 대해 이야
기했습니다. 이제 분석과 분류가 남았는데요, 여기서는 분석을 알아보
겠습니다.

분석은 굉장히 어렵게 들립니다. 그런데 알고 보면 쉬운 개념입니다.

'분석'은 '분해'라고 생각하면 됩니다.

대상을 잘게 나눠서 설명하는 것이 분석 기법입니다. 예를 들어보

겠습니다. 어느 자매가 피자를 분석했어요.

(제목) 언니와 함께 피자를 분석했다

피자는 참 오묘한 맛이 난다. 생각만 해도 침이 돈다. 언니와 나는 호기심도 느꼈다. 그렇게 맛있는 이유가 무엇일까? 우리는 분석을 해보기로 결심했다. 분석은 분해와 비슷한 말이다. 잘게 나누는 것이다.

배달된 피자 한 판을 자세히 살펴보았다. 피자에는 많은 재료가 들어 있었다. 그 재료들을 정성껏 분해했다. 베이컨, 감자, 치즈 덩어리, 새우, 토마토, 양파를 뜯어서 작은 접시들에 올려놓았다. 토마토와 양파를 빼면 모두 환상적인 맛이 나는 재료들이다. 베이컨은 훈제 고기 맛이 난다. 감자는 부드럽고 치즈는 쫀득하다. 그리고 새우에서는 바다의 맛이 느껴진다. 피자가 맛있는 건 아주 당연하다. 이렇게 맛이 좋은 재료들을 한데 모았으니까 맛이 없을 수가 없다. 우리 자매는 분석을 통해서 피자 맛의 비밀을 알아냈다.

우리는 옆에 와 계신 엄마를 올려다봤다. 엄마는 완전히 분해된 피자를 보고 한숨을 쉬셨다. 분해한 피자를 다시 합칠 수는 없었다. 우리 가족은 피자 빵과 베이컨과 새우 등을 따로따로 먹어야 했다. 맛이 없었다.

언니와 동생은 피자를 분해하듯 분석했습니다. 이처럼 전체를 작은 부분으로 나눠서 살펴보는 방법을 '분석'이라고 부릅니다. 자매의 분석 내용과 분석 결과를 그림으로 정리하면 아래와 같습니다.

눈에 보이지 않는 것도 분석할 수 있습니다. 아래 글을 쓴 어린이는

결론: 피자가 맛있는 건 아주 당연하다.

반 분위기를 분석해서, 선생님이 왜 기분이 안 좋은지 이유를 찾아냈습니다.

> 제목 **선생님께서 기분 나쁘신 이유**
>
> 선생님이 요즘 기분이 안 좋으시다. 왜 그럴까? 내가 우리 반 아이들의 태도를 분석해봤다. 연서는 지각을 했다. 채우는 숙제를 안 했고 수업 시간에 떠든다. 소율이는 스마트폰을 보다가 선생님께 들켰다. 나는 친구와 다투다가 지적을 받았다.
>
> 나는 우리 반에서 있었던 일들을 하나하나 나눠서 살펴봤다. 분석을 한 것이다. 그랬더니 안 좋은 일이 참 많았다. 아이들 학습 태도가 문제였다. 선생님이 많이 실망하셨을 것 같다. 결론은 분명하다. 선생님이 기분 나쁜 것은 우리 때문이다.

전체(반 분위기)를 작은 부분(아이들의 태도)으로 나눠서 분석한 글입니다. 친구들의 태도를 하나하나 살펴봤더니, 선생님이 속상한 원인이

반 분위기

연서	채우	소율	나
(지각함)	(숙제 안 하고 수업 시간에 떠듦)	(스마트폰 보다 들킴)	(친구와 다투고 지적받음)

결론: 선생님이 기분 나쁜 것은 우리 때문이다.

밝혀졌습니다.

복잡한 대상을 작은 부분으로 나눠서 연구하는 게 분석입니다. 분석을 하면 대상에 대한 이해가 깊어집니다. 가령 피자를 재료들로 분석하면 맛의 비밀을 알 수 있죠. 또 나무를 뿌리, 줄기, 가지, 잎으로 나눠서 살피면 나무가 어떻게 숨 쉬고 자라는지 원리를 알 수 있습니다.

문학작품도 분석 대상이 될 수 있습니다. 《헨젤과 그레텔》을 예로 들어볼게요. 그 이야기에는 어떤 메시지가 담겨 있을까요? 사람마다 다르게 해석할 수 있지요. 나쁜 어른에 대한 경고로도 읽힐 수 있습니다. 아이에게 이렇게 말할 수 있습니다.

"새엄마와 아빠는 헨젤과 그레텔을 어두운 숲에 버렸어. 식량이 부족해서였지. 결국 자기들만 살겠다는 거였어. 변명할 여지없이 이기적인 어른들이야. 헨젤과 그레텔은 마녀에게 잡아먹힐 뻔했어. 마녀는 자신의 배를 불리기 위해서 아이들을 희생시키려고 했지. 어른들 세 명의 행동을 분석해보니까 결론이 나오네. 세상에는 이기적인 어른이 많아. 조심해야 해."

똑같이 분석해보면 《빨간 모자》는 그 반대의 메시지를 담고 있습니다.

"아빠 생각에는 커다란 늑대가 나쁜 어른을 상징해. 죄 없는 할머니를 잡아먹었고 빨간 모자까지 꿀꺽 삼켜버렸으니까 아주 못된 어른인 게 맞아. 그런데 지나가던 사냥꾼이 빨간 모자를 늑대 배 속에서 구해줬어. 아무런 대가를 원하지 않고 착한 일을 한 거야. 두 어른의 행동을 분석해보니 알 수 있어. 세상에는 나쁜 어른도 있지만 착한 어른도 있는 게 분명해."

위와 같은 분석은 어린이에게 유익합니다. 독서 욕구를 불러일으키기 때문이죠. 부모님이 책을 분석해서 메시지를 찾아내는 방법을 먼저 보여주었습니다. 이제 아이는 독서의 재미를 알게 되고 더 적극적으로 독서를 하게 될 것입니다. "그 책 재미있으니까 읽어봐"라고 상투적으로 추천하는 것과는 비교할 수 없는 효과를 낳습니다.

분석의 효과는 여러 면에서 이롭습니다. 아래 예에서 엄마는 아이의 성적 변화 사례들을 분석한 뒤 그 자료에 근거해서 용기를 주고 있습니다.

"너는 지난번에 수학을 열심히 해서 10점이 올랐어. 이번에는 국어 공부를 많이 해서 15점이 올랐지. 초등학교 2학년 때는 받아쓰기 점수를 금방 올리기도 했어. 엄마가 너를 어릴 때부터 봐왔잖아? 너는 노력을 조금만 하면 점수가 항상 올랐어. 겁낼 거 없어. 너는 대단한 아이야. 점수보다도 노력의 과정이 정말로 아름답고 멋져."

"열심히 하면 성적이 오를 거야"라고 단순하게 독려하는 것과는 응원 효과가 전혀 다를 것입니다.

핵심 정리

분석적 사고는 자신감을 잃은 아이에게 도움이 됩니다.

아이의 성적이 올랐다면, 이때도 부모님이 분석을 해줄 수 있습니다.

> "엄마가 너의 생활을 분석해봤어. 온라인 수업을 열심히 듣더라. 유튜브 하는 시간이 줄었어. 또 일찍 일어나서 할 일을 다 해. 그렇게 하니까 너의 성적이 좋아진 거야. 성적은 하나의 지표일 뿐, 성실하게 생활하는 너의 모습을 진심으로 칭찬해."

분석력은 중요한 능력입니다. 글쓰기에도 꼭 필요합니다. 또 경제학, 과학, 문학 등 모든 분야에서 필수이니까 장래를 위해서도 분석력을 길러줘야 합니다.

분석력을 가르치는 첫 공간은 바로 가정입니다. 엄마, 아빠가 책이나 영화를 분석해주고 일상생활의 문제도 분석적으로 바라보도록 이끌어주면 좋습니다.

3

분류:
생각을 단순 명료하게 만들기

분류는 앞에서 본 분석과 헷갈리기 쉽습니다. 많은 어린이가 혼동합니다. 부모님이 정확하게 개념을 잡아야 아이에게 설명해줄 수 있어요.

분석과 분류는 둘 다 '나누기'입니다.
분석은 하나의 대상을 부분으로 나누는 것이고,
분류는 많은 대상을 같은 것끼리 나누는 것입니다.
더 간단히 말해서, 분석은 분해이고 분류는 정리입니다.

바지를 예로 들어볼게요. 바지를 분석하는 것은 바지 하나를 여러 부분으로 나눠서 본다는 뜻입니다.

바지는 주머니, 벨트 고리, 지퍼 등으로 나눠서 살펴볼 수 있습니다. 말하자면 분해하는 것이죠. 이것이 분석입니다.

그런데 옷장을 열어보면 바지가 아주 많아요. 많은 바지를 종류별로 나눌 수 있습니다. 이걸 분류라고 합니다.

여기서 중요한 점은 분류에는 기준이 있다는 사실입니다. 위는 용도에 따라서 분류한 결과입니다. 기준을 바꿔서 두께별로 바지를 나누면 여름 바지, 겨울 바지, 봄가을 바지 등으로 분류할 수 있고, 또 길이를 기준으로 삼으면 반바지, 칠부바지, 긴바지로 나뉩니다. 분류에는 반드시 기준이 있게 마련입니다.

다시 분석과 분류의 차이점으로 돌아가겠습니다. 앞에서 밝혔듯, 하나를 부분으로 나누면 분석이고 많은 것을 종류별로 나누면 분류입니다. 추가로 예를 들어볼게요.

한 송이 장미를 꽃잎, 줄기, 뿌리 등으로 나누면 ➡ 분석
수많은 장미를 분홍 장미, 붉은 장미, 노란 장미, 흰 장미로 나누면 ➡ 분류

하나의 피자를 치즈, 불고기, 양파, 베이컨, 감자 등으로 나누면 ➡ 분석
많은 피자를 불고기 피자, 콤비네이션 피자, 버섯 피자, 루콜라 피자로 나누면 ➡ 분류

아이들에게 분류를 왜 가르칠까요? 분류를 알면 어떤 이득이 있는 걸까요? 분류를 잘하는 아이는 생각이 단순 명료합니다. 생각이 복잡하거나 모호하지 않고, 깔끔하고 분명합니다.

또 명확한 분류 태도는 자존감과도 관련이 있습니다. 자존감은 자신의 행동, 가치, 신념, 외모 등에 대한 평가 수준을 의미합니다. 그리고 자존감이 높은 사람의 특성 중 하나는 무의미한 고뇌에 빠지지 않는다는 점입니다. 과거의 잘못을 잊지 못해 전전긍긍하는 일이 없습니다. 근거 없이 미래를 걱정하며 오늘을 허비하지도 않죠. 그렇게 무의미한 고민에서 벗어나기 위해서는 명확한 분류의 태도가 필요합니다.

즉 내가 잘못한 것과 아닌 것, 후회할 것과 잊을 것, 걱정할 것과 아닌 것을 단호하게 구분하는 자세가 높은 자존감의 중요 요소가 됩니다.

반대로 분별력이 없으면 마음이 복잡해질 때 괴로움이 밀려오고 자기 평가도 자연히 낮아집니다. 삶의 문제들을 평가하고 분류하는 데 익숙한 어린이가 쾌청한 마음을 지니게 될 것입니다.

분류 능력이 뛰어난 한 어린이의 아이디어를 소개합니다. 이 어린이는 자신의 천재성을 발견하는 경험을 글로 적었어요.

> 오늘 내가 천재라는 사실을 알게 되었다. 동물들 덕분이다. 지구에는 수백만 종의 동물들이 있다. 수백만은 숫자가 너무 커서 어지럽다. 그런데 동물을 네 종류로 나누는 방법을 내가 생각해냈다. 다리 개수로 분류하면 된다. 다리가 없는 동물, 둘인 동물, 넷인 동물, 다섯 이상인 동물로 나누는 거다. 그렇게 되면 동물 모두가 딱 네 종류로 분류된다. 이런 걸 생각해내다니 나는 분명히 천재다.

전체 수백만 종의 동물을 비슷한 것끼리 모았어요. 네 가지로 분류한 것입니다.

다리가 없는 동물	다리가 둘인 동물	다리가 넷인 동물	다리가 다섯 이상 동물
물고기 돌고래 뱀	사람 타조 독수리	사자 개구리 코끼리	거미 전갈 나비

다리 개수를 기준으로 동물들을 분류하니까 딱 네 종류가 됐어요.

동물 세계를 단순화했네요. 이렇게 많은 것(동물)을 어떤 기준(다리 개수)에 따라 나누는 것을 분류라고 합니다. 어린이는 세상의 모든 동물을 꿰뚫는 기준을 가졌습니다. 생각이 단순 명료해지는 것입니다. 복잡한 옷장이나 책장을 정리 정돈한 기분처럼 말입니다.

분류는 어린이의 행복 수준도 높여줍니다. 가령 우리 아이들은 할 일이 많으면 괴로워합니다. 이때 분류하는 방법을 알려주면 분류 능력을 키워줄 수 있습니다.

> "할 일이 너무 많아서 머리가 복잡하지? 그럴 때는 분류를 해봐. 지금 당장 할 일, 내일 할 일, 다음 주에 할 일 그리고 꼭 하지 않아도 될 일을 나누는 거야."

이런 말을 들으면 아이의 머릿속이 정리됩니다. 단순하고 명쾌해지는 것이죠. 동시에 불안이 사라지고 중압감에서 벗어날 수 있습니다. 분류 능력이 어린이를 행복하게 만듭니다.

어린이들은 친구 관계 때문에 힘들어합니다. 이 경우에도 분류 능력을 키워주면서 아이를 도울 수 있습니다. 이렇게 이야기하면 어떨까요?

> "모든 친구와 사이좋게 지내는 게 좋겠지만 사실 가능하지는 않아. 너를 아주 좋아하는 친구, 너에게 친절한 친구, 너에게 무관심한 친구, 너를 시기하는 친구로 나눠봐. 그리고 너를 좋아하고 너에게 친절한 친구들과 더 많이 놀고 더 따뜻하게 대해줘보렴. 그러면 학교생활이 더 행복해질 거야."

모든 친구들과 사이좋게 지내면 당연히 좋겠지요. 하지만 현실적으로 그러긴 어렵기에 더 사랑하는 친구들을 변별해서 마음을 더 많이 쏟는 것도 방법입니다.

책을 분류하는 능력도 중요합니다. "나는 이 책도 좋아하고 그 책도 좋아해요"라는 말은 밋밋합니다. 반면 "나에게 감동을 준 책은《어린 왕자》이며, 교훈을 준 책은《안네의 일기》이고, 슬픔을 느끼게 만든 책은《성냥팔이 소녀》입니다"라는 평가는 흥미롭습니다. 분류를 했기 때문에 더 인상적인 평가가 된 것입니다. 책을 섬세하게 구분하는 어린이가 책을 더 좋아할 수 있습니다.

분류하는 능력은 어린이의 생각을 단순 명료하게 만듭니다. 생각이 심플하면 삶이 편안해지고 대인 관계도 좋아집니다. 잡념과 불필요한 걱정이 사라질 테니까 집중력이 향상되고 공부 효율도 높아지겠죠. 분류하는 글쓰기 연습은 국어 점수만 높이지 않습니다. 우리 아이의 삶도 달라집니다.

잊을 수 없는 독서 감상문의 추억이 있습니다. 그 글 때문에 벌을 받았습니다. 초등학교 저학년이었던 저는 친구를 따라서 학교 도서관에 갔습니다. 읽은 동화책을 반납하면서 짧게 독서 감상문이라는 걸 써야 하더군요. 도대체 어떻게 쓰는지 몰라서 난처했는데 친구가 고마운 정보를 줬습니다. 책 뒷부분의 작품 해설 중 일부를 베껴 쓰면 된다는 것이었습니다. 불운하게도 사서 선생님은 성실한 분이었습니다. 독서 감상문을 친히 읽은 것입니다. 저는 벌을 서게 됩니다. 뭐가 잘못인지 영문도 모른 채 창피하게 한참 동안 두 손을 들고 있었습니다.

독서 감상문은 어린 저에게 참 어려웠습니다. 그런데요, 이제는 어른이 되었지만 이 책도 고되게 썼습니다. 쓰기 쉬운 글은 애당초 있지도 않은 모양입니다.

글쓰기는 힘겹습니다. 그러니까 독서 감상문이나 일기를 쓰는 어린이는 어른도 하기 힘든 굉장한 일을 해내고 있는 것입니다. 그래서 때로는 억지로 짜내듯 힘들게 글을 쓰는 어린이를 어른이 나무라면 반칙입니다. 그때 그 사서 선생님도 조금 다르게 일러주셨다면 얼마나 좋았을까요. 아이에게 필요한 건 꾸중이 아닌 인내와 응원입니다.

변화를 만드는 초등 글쓰기 비법

한 문장도 어려워하던 아이가
글쓰기를 시작합니다

연습
문제

정재영 지음

김영사

정재영

1990년대부터 학생들에게 글쓰기를 가르치기 시작했다. 영어보다 모국어 공부를 기피하는 초등학생들의 모습이 의아했다. 중고등학생들이 글쓰기를 수학만큼 어려워하는 현실에 안타까움도 느꼈다. 문제는 글쓰기 교육 방법에 있었다. 딱딱하고 상투적으로 가르치면 글쓰기가 지루하고 싫어진다. 깊이 있으면서 흥미로운 글쓰기 교육서가 필요하다고 생각했고, 즐거운 글쓰기 교육이 가능하다고 믿으며 이 책을 집필했다.

저서로 종합 베스트셀러 1위 《왜 아이에게 그런 말을 했을까》 《말투를 바꿨더니 아이가 공부를 시작합니다》 등이 있다.

abookfactory@gmail.com

연습문제

차례

1
···············

글을 쓰는 어린이가
행복하다

1

글을 쓰는 어린이가
행복하다

함께하는 퀴즈 토론

1 아래 두 글을 읽고 비교해보세요. 어떻게 다른가요? 왜 이런 차이점이 느껴질까요?

① 아침을 먹고 학교에 갔다. 학교 끝나고 학원에 갔다가 집에 와서 밥을 먹었다. 학원 선생님은 오늘은 숙제가 없다고 말씀하셨다. 집에 돌아와서 TV를 보다가 잤다.

② 오늘도 다른 날처럼 똑같이 일과를 반복했다. 아침 먹고 학교 갔다가 다시 학원 가고 집으로 돌아왔다. 그런데 오늘 학

원에서 최고 좋은 일이 생겼다. 선생님께서 오늘은 숙제가 없다고 했기 때문이다. 얼마 살지도 않았지만 살다 살다 이런 날도 있구나 생각하면서 감격했다. 오늘은 기쁜 날이다.

2 🖋 이번엔 좀 더 어려울 수 있겠네요. 아랫글에서 밑줄 친 부분을 더 읽기 쉽게, 다른 표현으로 바꿔보세요.

나도 사춘기가 시작되었다. 엄마의 간섭이 싫어지기 시작했다. 어릴 때는 엄마가 빨리 숙제하라고 참견해도 참았는데 이제는 그 말이 지겹다. 내가 원하는 것은 내 일은 내가 알아서 하고 싶다. 숙제를 시작할 때 엄마가 간섭하면 하기 싫어진다. 나는 내 인생의 주인이 되길 원한다. 더 이상 간섭은 싫다.
사춘기라서 그런지 나는 내 방문을 닫는 게 좋아졌다. 그런데 엄마 아빠가 그걸 가장 싫어한다. 방문을 자꾸 열고 들어와 내가 뭘 하는지 감시하니까 나는 피곤하다.
나는 남의 시선도 많이 의식한다. 친구들이 날 어떻게 생각할까 신경 쓴다. 어릴 때는 엄마, 아빠의 칭찬이 최고였지만 이제는 친구들의 '좋아요'가 최고다. 나는 또 거울 앞에 서서 얼굴을 더 꼼꼼히 살피며 머리를 가다듬고 옷이 잘 어울리는지 오랫동안 보면서 고민한다. 그럴 때면 엄마, 아빠는 내가 외모에 너무 신경 쓴다고 또 야단이다. 괴롭다. 나를 그냥 내버려두면 안 되는 걸까?

1 ✏️ 내가 가장 좋아하는 음식은 무엇인가요? 또 싫어하는 음식은 무엇인가
요? 각각 그 음식이 왜 좋고 싫은지 이유까지 함께 적어주면 더 좋은 글이
됩니다.

2 ✏️ 최근 친구나 선생님, 부모님이 나를 슬프게 한 일이 있었나요? 어떤 일이었
고 왜 그런 기분이 느껴졌나요? 최근 속상했던 일 세 가지를 글로 표현해보
세요. 글로 쓰기만 해도 기분이 나아질 겁니다.

2

- - - - - - - - - -

꼭 알아야 할
글쓰기 필수 기술 여덟 가지

1

글 제목을
어떻게 정할까?

부모와 퀴즈 토론

1 ✏️ 비교를 당해서 슬픈 어린이가 쓴 글을 읽어보세요.

> 엄마는 나와 친구를 비교하면서 스트레스를 준다. 오늘도 그랬다. 엄마가 이렇게 말씀하셨다. "채우는 중학교 영어 문법을 공부하고 있어. 또 영서는 하루에 책을 한 권은 꼭 읽는데. 소율이는 말이야, 6학년 1학기까지 수학 선행 학습을 다 끝냈어. 그런데 너는 유튜브 보고 게임만 하면 어떡하니?" 이렇게 엄마는 매일 비교한다. 나는 매일 화가 난다.

1-1 🖊 아래 보기 중 앞에 제시된 글의 제목으로 알맞아 보이는 것은 무엇인가요? 여러 개를 골라도 좋습니다. 그리고 그렇게 고른 이유는 무엇인가요?

① 엄마와 나의 대화
② 잔소리에 대하여
③ 엄마는 나를 친구와 비교한다
④ 내가 매일 화가 나는 이유

1-2 🖊 윗글의 제목을 직접 정한다면 어떤 것이 좋을까요?

_____

2 🖊 친구와 비교당해서 스트레스가 심했던 아이가 반격을 했어요. 엄마에게 대 갚음하고 말았네요.

내가 오늘 엄마에게 말했다. "채우 엄마는 영어를 잘해. 영서 엄마는 언제나 다정해. 엄마는 뭐야? 엄마가 잘하는 거는 뭐냐고!" 나는 소리쳤다. 그동안 쌓여 있던 화를 다 터뜨렸다. 그 순간 속이 아주 시원했다.

엄마의 얼굴이 굳어졌다. 엄마의 눈이 반짝거렸다. 눈물이었다. 그렁거리던 눈물 몇 방울이 흘러내렸다. 내가 무슨 짓을 한 걸까? 내가 엄마를 울렸다. 나는 후회했다. 나는 나쁜 아이다.

엄마에게 울지 말라고 했다. 다른 엄마들과 비교해서 미안하다고 사과도 했다. 엄마가 말했다. "비교당한 게 슬퍼서 우는 게 아니야. 그동안 네가 마음 아팠을 걸 생각하니 눈물이 났어."

나도 눈물이 났다. 비교당했을 때 슬펐던 마음이 떠올라서 울었고 엄마에게 너무 미안해서 또 울었다.

2-1 🖊 아래 보기 중 윗글의 제목으로 알맞아 보이는 것은 무엇인가요? 여러 개를 골라도 좋습니다. 그리고 그렇게 고른 이유는 무엇인가요?

① 어젯밤 있었던 일
② 나의 복수
③ 엄마와 함께 흘린 눈물
④ 내가 엄마를 슬프게 했다

2-2 🖊 윗글의 제목을 직접 정한다면 어떤 것이 좋을까요?

_____

3 🖊 심심해서 견딜 수 없었던 어린이가 글을 썼습니다. 이 글을 읽고 어떤 제목을 붙이면 좋을지 보기에서 골라보세요.

어제는 1월 3일 일요일이었다. 아홉 시쯤에 일어나서 아침을 먹고 TV를 봤다. 숙제를 하다가 점심 먹고 또 TV를 봤다. 오후에는 스마트폰을 하면서 시간을 보냈다. 요즘은 코로나 때문에 친구들과 놀지도 못한다. 오후 열 시 정도에 잤다. 아주 지루한 일요일이었다.

① 일요일에는 편히 쉬어야 한다

② 바빴던 일요일의 기록

③ 지루한 일요일이었다

④ 일요일은 항상 지루하다

4 🖊 이번에는 설명하는 글입니다. 제목으로 뭐가 좋을까 생각하면서 읽어보세요.

지구를 지배하던 공룡들은 어떻게 모조리 사라졌을까? 소행성 충돌이 원인이라는 주장이 유력하다. 약 6,600만 년 전 중앙아메리카의 유카탄반도에 소행성이 떨어졌다. 소행성이라고 해서 작은 게 아니었다. 소행성의 지름은 최소 10킬로미터인 것으로 추정된다. 거대한 산과 비슷한 크기였다. 거대한 소행성이 일으킨 폭발의 위력은 실로 어마어마했다. 어느 과학자의 추정에 따르면 히로시마에 떨어진 원자폭탄 100억 개가 한꺼번에 터지는 충격이었다. 소행성이 떨어진 부근은 물론이고 수천 킬로미터 떨어진 숲도 활활 불타올랐고 지구 곳곳에서 강력한 지진과 초대형 해일이 일어났다. 가장 심각한 것은 연기와 먼지가 구름을 이루어 햇빛을 가렸다는 점이다. 곧 식물들이 죽었으며 이어서 풀을 먹는 초식동물이 죽고 그다음에 육식동물이 죽어갔다. 유카탄반도에 떨어진 소행성 때문에 지구에 살던 동식물 중 75퍼센트가 사라지고 말았다. 수천만 년 동안 지구에서 번성했던 공룡도 그때 멸종했다.

4-1 ✎ 공룡이 멸종한 즈음에 엄청난 사건이 있었네요. 이 글의 제목으로 적절한 것을 보기에서 모두 골라보세요.

① 공룡들이 불쌍하다
② 환경보호의 중요성
③ 공룡과 소행성
④ 공룡의 멸종 이유
⑤ 공룡은 소행성 탓에 멸종했다
⑥ 공룡을 멸종시킨 무서운 사건

4-2 ✎ 윗글의 제목을 직접 정한다면 어떤 것이 좋을까요?

_____

마음을 나누는 글쓰기 연습

1 ✏ 아래 주제에 대해 생각해보고 짧은 글을 써보세요. 정답은 없으니, 내가 언제 이러한 감정을 느끼는지 생각해보고 표현해보세요.

부모님이 나를 사랑한다고 느낄 때:

내가 감사하는 두 가지:

내가 가장 싫어하는 두 가지:

2

'왜냐하면'을 꼭 써야 할까?

함께하는 퀴즈 토론

1 ✏️ 아래 대화를 읽어보세요. 채우의 말은 왜 어색한가요?

> 채우: 내 생각인데, 스마트폰 게임을 많이 하면 수학 성적이 올라가.
>
> 영서: 왜?
>
> 채우: 왜냐하면…. 그게…. 사실 이유를 잘 모르겠어. 아무튼 게임을 많이 하면 수학을 잘해.
>
> 영서: 왜 그렇게 생각하는 건데?

채우: 몰라. 그냥 그런 생각이 들었어.

2 🖊 아래 두 글을 읽고 비교해보세요.

①나는 우리 강아지가 <u>싫다</u>. 이유는 모르겠다.
②나는 우리 강아지가 <u>싫다</u>. 왜냐하면 나를 보고 짖기 때문이다.

2-1 🖊 문맥상 '싫다'가 감정인가요? 아니면 의견인가요?

2-2 🖊 두 글을 읽고 어느 쪽이 어색한지, 왜 그렇게 느끼는지 말해보세요.

3 🖊 아래 두 글에서 어색하게 느껴지는 글은 몇 번인가요? 왜 그렇게 느껴질까요?

①어린이는 책을 많이 읽어야 해. 이유는 모르겠어.
②어린이는 책을 많이 읽어야 해. 왜냐하면 독서가 머리를 좋게 만들기 때문이지.

4 ✎ 아래 두 글에서 어색하게 느껴지는 글은 몇 번인가요? 왜 그렇게 느껴질까요?

① 엄마는 아이의 의견을 존중해야 한다. 그렇지 않으면 하늘이 화를 낸다.

② 엄마는 아이의 의견을 존중해야 한다. 친구 소율이가 그래야 한다고 말했기 때문이다.

3

문단을
어떻게 써야 할까?

함께하는 퀴즈 토론

1 아랫글에서 중심 문장은 어느 것인가요? 또 삭제하면 좋을 문장은 어느 것인가요?

①마운틴고릴라는 1천 마리 남짓밖에 남아 있지 않다. ②호랑이는 1백 년 전에는 10만 마리 이상이 있었는데 지금은 야생에 4천 마리 정도만 남아 있다고 한다. ③이외에도 오랑우탄, 흰코뿔소, 이라와디돌고래 등이 멸종 위기에 있다. ④지구상의 식물도 약 40퍼센트가 곧 멸종할 수 있다고 한다. ⑤세상의 많은 동

물이 사라질 위기에 놓여 있다.

2 ✎ 아랫글을 읽어보고 중심 문장과 어색한 문장을 각각 찾아보세요.

①모든 어린이는 소중한 존재다. ②어린이의 성적이 나빠도 무시해서는 안 된다. ③말썽을 좀 피웠다고 어린이를 미워해서도 안 된다. ④그런데 선생님 말씀을 안 듣는 어린이는 미워해도 된다. ⑤어린이가 작은 실수를 해도 이해해줘야 한다.

중심 문장: ＿＿＿＿＿＿＿＿＿＿＿＿＿＿＿＿＿＿＿＿＿＿＿＿＿

어색한 문장: ＿＿＿＿＿＿＿＿＿＿＿＿＿＿＿＿＿＿＿＿＿＿＿

마음을 나누는 글쓰기 연습

1   '엄마는 고마운 분이다'로 시작하는 글을 써보세요. 왜 고마운지 설명하는
     문장을 세 가지 이상 써보면 좋겠습니다.

2   '나는 가끔 부모님에 기쁨을 선물한다'로 시작하는 글을 써보세요. 내가
     어떻게 할 때 부모님이 기뻐하시나요? 적어도 세 가지를 꼽아보세요.

4

흐름이 뒤죽박죽인 글을
어떻게 고칠까?

함께하는 퀴즈 토론

1 ✏️ 아래 두 글 중에서 이해가 잘 가지 않는 글은 어느 것인가요? 왜 그렇게 느끼는지 이유도 말해보세요.

① 한 서커스단에서 귀가 너무 큰 코끼리 한 마리가 태어났다. 다른 동물들은 귀가 커다란 코끼리를 매일 놀렸다. 그런데 어느 날 놀라운 사실이 밝혀졌다. 그 코끼리가 귀를 펄럭이면 하늘을 날 수 있었던 것이다. 비행하는 코끼리를 본 다른 동물들은 그를 부러워했다.

②한 서커스단에서 귀가 너무 큰 코끼리 한 마리가 태어났다. 아기 코끼리는 눈도 컸다. 어느 날 코끼리는 귀를 펄럭이면 하늘을 날 수 있다는 걸 알게 되었다. 아기 코끼리가 눈을 크게 뜨고 뛰어다니는 동안 다른 동물들이 부러워했다.

2 ✎ 아래 두 글 중 문장 연결이 어색한 것은 몇 번인가요?

①아빠가 문자를 보냈다. 문자 내용은 "생일 축하해. 사랑한다"였다. 곧 할머니의 문자도 도착했다.

②아빠가 문자를 보냈다. 아빠가 해준 오늘 아침밥은 맛있었다. 밥과 계란 프라이에 버터와 간장을 넣고 비볐을 뿐인데 맛이 최고였다.

3 ✎ 아래 Ⓐ 문장에 뒤이어 나오기에 어색하고 부자연스러운 문장은 무엇인지, ①~③ 문장 중에 골라보세요.

Ⓐ 코로나19 탓에 친구들을 만날 수 없었다.

①지루한 날이 많았다.

②모두 감염 걱정을 했다.

③자주 외식을 해야 했다.

4 아랫글에서 연결이 어색한 문장을 찾아보세요.

오늘은 내 생일이다. 온 가족이 다 모였다. 할머니는 용돈을 주셨다. 할아버지는 내 어깨를 두드려주셨고 엄마는 환하게 웃었다. 친구 채우는 생일 카드를 줬다.

마음을 나누는 글쓰기 연습

1. 기쁨, 슬픔, 분노 등 오늘 어떤 감정을 느꼈는지, 그 감정을 느낀 이유는 무엇인지 차근차근 생각해보세요. 그중에 한 가지를 골라서 글로 표현해보세요. 그런 감정을 느낀 이유가 매끄럽게 표현되도록, 앞뒤 문장에 사람이나 소재가 자연스럽게 연결되는지 살피면서 글을 써보세요.

2. 《흥부와 놀부》《피터 팬》《백설공주》 등 어떤 이야기도 좋아요. 마음에 드는 책을 하나 선택해서 열 문장으로 줄거리를 요약해보세요.

5

문단을 매끄럽게
이으려면?

함께하는 퀴즈 토론

1 '이어주는 말'은 문장도 연결합니다. 두 개의 문장을 자연스럽게 이어주는 것은 몇 번인가요? 여러 개를 골라도 좋으니, 왜 그런지 이유를 함께 말해보세요.

늦잠을 잤다. •	① 그리고	
	② 그래서	• 지각을 하지 않았다.
	③ 하지만	
	④ 그래도	

엄마, 아빠가 날 사랑한다. •	① 그리고 ② 그래서 ③ 하지만 ④ 그래도	• 나는 행복하다.
민수는 축구를 잘한다. •	① 그리고 ② 그래서 ③ 하지만 ④ 그래도	• 공부도 잘한다.

2 ✎ 아래 세 편의 글에서 밑줄 친 표현이 문단을 자연스럽게 연결하는지 판단해 보세요. 밑줄 친 표현을 바꿔야 한다고 판단한다면 어떻게 바꾸어야 할지, 왜 그런지 이유도 함께 말해보세요.

① 피터 팬이 하늘을 날고 있었다. 그가 좋아하는 웬디가 함께 날았다. 팅커벨은 웬디 손을 잡고 있었다. 바람이 아주 시원했다. <u>그렇지만</u> 그들은 기분이 좋았다. 이런 상쾌한 기분은 아주 오랜만이었다.

② 피터 팬이 하늘을 날고 있었다. 그가 좋아하는 웬디가 함께 날았다. 팅커벨은 웬디 손을 잡고 있었다. 바람이 아주 시원했다. <u>그래서</u> 누군가 빠른 속도로 그들을 쫓아왔다. 피터 팬이 놀라서 돌아보니 날개를 단 후크 선장이었다.

③ 피터 팬이 하늘을 날고 있었다. 그가 좋아하는 웬디가 함께

날았다. 팅커벨은 웬디 손을 잡고 있었다. 바람이 아주 시원했다. 그리고 피터 팬의 마음은 가볍지 않았다. 후크 선장이 아직 건재하기 때문이었다.

3 ✐ 아래 보기의 ①~③번 표현 뒤에 문맥상 자연스럽게 이어질 표현을 ⓐ~ⓒ에서 찾아 선을 그어보세요.

① 비가 오고 강풍도 불었어. 즉 •   • ⓐ 먼 하늘은 화창했어.

② 비가 오고 강풍도 불었어. 반면 •   • ⓑ 기온도 내려갔어.

③ 비가 오고 강풍도 불었어. 더구나 •   • ⓒ 큰 위기를 맞았어.

4 ✐ 아래 문장에서 '이어주는 말'을 밑줄로 표시하였습니다. 이 중에서 문맥상 어색한 표현을 찾아보세요. 그리고 어떤 표현을 쓰는 것이 더 적절할지 이야기해보세요.

나는 단점이 많아. 노래를 못하고 수학을 어려워해. 또 게을러서 일요일에는 소파에 누워만 있어.
그래서 나는 나를 사랑해. 내 생각에는 누구나 자신을 사랑해야 해. 그러니까 단점이 있든 없든 사람은 다 소중하기 때문이야.

마음을 나누는 글쓰기 연습

1 ✏ 지금까지 사는 동안 가장 후회하는 일은 무엇인가요? 꼭 하고 싶었던 일을 안 하면 후회하게 됩니다. 때로는 어떤 일을 했기 때문에 가슴에 후회가 남기도 하죠. 지금 생각해도 후회되는 일을 두 가지 골라 글로 정리해보세요.

2 ✏ 토끼와 거북의 경주 이야기를 알지요? 토끼가 낮잠을 자다가 경주에서 졌어요. 토끼는 능력은 뛰어난데 자만하는 스타일입니다. 반면 거북은 느리지만 꾸준한 타입이고요. 나는 토끼에 가깝나요? 아니면 거북을 닮았나요? 아니면 중간인가요? 자신의 성격과 동물의 성격을 비교하면서 글을 써보세요.

6

첫 문장 쓰기가
어렵다면?

함께하는 퀴즈 토론

1 ✏️ 아랫글의 의미가 어색하게 느껴지는 이유는 무엇일까요?

전화위복이라는 사자성어가 있다. 내가 오늘 전화위복을 겪었다.
아침에 늦게 일어나 지각을 해서 지적을 받았는데, 오후에는
수업 시간에 졸다가 선생님께 야단을 맞았다. 맞은 데 또 맞았
고, 엎친 데 덮친 격이다. 나의 오늘 하루는 완전히 전화위복이
었다.

2 ✎ 아랫글의 의미가 어색하게 느껴지는 이유는 무엇인가요?

> 동생의 행동이 너무 이기적이다. 오늘 엄마가 약속이 있어서 저녁밥을 동생과 둘이 먹었다. 엄마는 외출할 때면 카레를 자주 만들어놓는다. 우리는 카레를 먹으면서 엄마를 그리워했다.

3 ✎ 다음은 글의 첫 문장입니다. 비슷하지만 다른 두 문장을 서로 비교하고 어느 것이 흥미로운 첫 문장인지 말해보세요. 그리고 흥미롭게 느낀 이유는 무엇인지도 이야기해보세요.

> ① 오늘 영화를 봤다.
> ② 오늘 평생 잊을 수 없는 영화를 봤다.
>
> ___
>
> ① 오늘 공포 영화를 보았다.
> ② 오늘 공포 영화를 봤는데 무섭지 않고 웃겼다.

1 질문으로 시작하는 짧은 글을 써보세요. 예를 들어서 '왜 사람은 밥을 먹어야 할까?' '왜 사람들은 싸울까?' '왜 아이들은 친구를 놀릴까?' 등으로 시작하면 됩니다.

2 '내 인생 최악의 일은 ~이다' 혹은 '내 인생 최고의 일은 ~이다'라는 문장으로 시작하는 글을 써보세요.

문장을 단순화하는
방법은 뭘까?

함께하는 퀴즈 토론

1 아랫글을 읽으면 머리가 복잡해집니다. 쉽게 이해할 수도 없고요. 무엇이 문제인가요? 또 어떻게 고쳐야 할까요?

> 오늘 《인어공주》를 읽었는데 아주 감동적이고 슬펐고 부러웠다. 인어공주는 왕자를 많이 사랑해서 생명을 구해줬고 자기는 떠나려고 했다. 감동적이었고 슬펐지만 왕자와 결혼해서 부러웠다.

2 ✎ 아랫글을 보면 한 문장에 여러 내용이 담겨 있어서 이해하기가 쉽지 않습니다. 어떻게 고치면 좋을지 고민하고 작성해보세요.

할아버지가 김치를 먹으라고 했는데 나는 계란이 더 맛있어서 많이 먹었더니 할아버지가 화를 냈다. 할아버지는 김치를 많이 먹어야 건강하다고 하지만 내가 인터넷에서 본 뉴스에서는 짜게 먹으면 건강에 안 좋다고 하는데 할아버지는 그걸 몰라서 답답하다.

마음을 나누는 글쓰기 연습

1 🖊 오늘 하루 있었던 일 세 가지만 써보세요. 긴 문장 말고 짧은 문장으로 써
보는 연습을 해보면 좋겠습니다.

2 🖊 감사한 것 세 가지를 골라서 써보세요. 꼭 부모님이나 선생님과의 일이 아니
어도 좋아요. 나에게 웃음을 주는 친구, 기쁨을 선물하는 TV 프로그램, 감동
적인 책, 재미있는 걸 알려주는 유튜브 채널도 나에게 감사한 존재입니다.
무엇이든 괜찮아요. 고맙고 감사한 사람이나 사물을 세 가지만 골라서 소개
해보세요. 이번에도 짧은 문장으로 표현하는 연습을 해보면서요.

8

호응 관계가 틀린 문장을
어떻게 고쳐야 할까?

함께하는 퀴즈 토론

1 📝 아랫글은 한국어가 익숙하지 않은 인어공주가 남긴 편지입니다. 밑줄 친 부
분의 호응이 맞는지 판단하여 수정해보세요.

> "나는 <u>비록</u> 인어여서 행복했어요. 왕자님과 함께 <u>떡볶이와 콜</u>
> <u>라를 마시며</u> 데이트했던 게 기억나요. 우리의 사랑을 영원히
> 잊지 않을 거예요. 하지만 이제 이별의 시간이 왔어요. 아빠가
> 빨리 <u>돌아오시래요.</u> 끝으로 부탁하고 싶은 것은 백 년이 지나
> <u>도 나를 잊지 마세요.</u> 나의 왕자님. 안녕."

2 ✏️ 인어공주의 편지를 겨우 읽어낸 왕자가 답장을 써서 바다로 보냈어요. 그런데 왕자의 글쓰기 실력도 좋지 않네요. 밑줄 친 부분을 어떻게 고쳐야 할까요?

> 바닷속에서 행복한가요? 우리가 함께 먹었던 김밥은 <u>맛과 영양가가 높았어요.</u> 놀이공원에서 공주님은 <u>별로 아름다웠어요.</u> 중요한 것은 우리가 진심으로 <u>사랑했어요.</u> 나는 당신을 <u>결코 기억할 거예요.</u> 공주님, 안녕.

3 ✏️ 다음 네 문장의 호응이 알맞도록 고쳐 써보세요.

> ① 왕자는 공주에게 사랑했다.
> ② 그는 좀처럼 화를 낸다.
> ③ 나는 노래와 춤을 잘 춘다.
> ④ 내가 강조하고 싶은 것은 서로 깊이 사랑하라.

4 ✏️ 선 잇기 문제입니다. 의미가 어색하지 않게끔 자연스럽게 연결되는 표현을 선으로 이어보세요.

> 나는 그다지 •
>
> • 똑똑하다.
> • 똑똑하지 않다.

나는 결코 •

• 피자를 먹을 거야.

• 피자를 먹지 않을 거야.

나는 당신을 전혀 •

• 사랑해요.

• 사랑하지 않아요.

왕자는 좀처럼 •

• 웃었다.

• 웃지 않았다.

공주는 여간 •

• 배가 고팠다.

• 배가 고프지 않았다.

1　✎　엄마나 아빠의 장점 다섯 가지를 글로 써보세요. 직장 생활을 열심히 하는 모습, 따뜻한 말투, 부드러운 눈빛 등 엄마, 아빠의 장점이 아주 많을 거예요. 원한다면 열 가지 장점을 적어도 좋아요.

2　✎　엄마나 아빠의 단점 다섯 가지를 글로 써보세요. 야단을 자주 치나요? 약속을 안 지키나요? 마음껏 써보세요. 엄마, 아빠가 단점을 당장 고치지는 못해도 조금씩 천천히 달라질 거예요. 발전을 위해서는 누구에게나 시간이 필요하답니다.

3

· · · · · · · · · ·

마음을 움직이는
글쓰기 기법

1

은유법과 직유법, 생생한 이미지를 남긴다

함께하는 퀴즈 토론

1 ✏ 《피노키오》를 읽고 쓴 감상문 두 편을 읽고 각기 어떻게 표현했는지 비교해 보세요. 어느 쪽이 더 생생하고 재미있나요? 그 이유는 무엇일까요?

① 제페토 할아버지는 피노키오를 무척 사랑했다. 그 마음을 모르는 피노키오는 말썽만 부렸다. 그래도 할아버지는 피노키오를 포기하지 않았다. 피노키오가 아주 소중했기 때문이다.
② 제페토 할아버지는 피노키오를 무척 사랑했다. 그 마음을 모르는 피노키오는 철없는 망아지 같았다. 이리 뛰고 저리 뛰

면서 말썽만 부렸다. 그래도 할아버지는 피노키오를 포기하지 않았다. 피노키오가 자신의 심장이었기 때문이다.

2 ✏ 다음 문장은 어떤 의미일지, 비유로 쓰인 표현의 특징을 생각하며 이야기해 보세요.

- 초등학생의 인생은 롤러코스터다.
- 시험을 다 끝내자 내 마음은 깃털처럼 가벼워졌다.
- 아빠는 사자 같다.
- 그 아이의 목소리는 은 쟁반에 옥구슬 굴러가는 소리 같다.
- 내 마음은 호수다.

1 ✏️ 엄마와 아빠를 어떤 동물에 비유할 수 있나요? 토끼, 호랑이, 사슴, 나비, 코끼리, 고릴라 등 여러 동물 중에서 자유롭게 골라 표현해보세요. 그리고 그렇게 표현한 이유도 함께 써보세요.

2 ✏️ 나를 무엇에 비유할 수 있나요? 호수, 바다, 폭풍, 화산, 구름, 빗물, 바람, 나무, 꽃, 햇살 등에 비유해보세요. 사람은 화가 나면 활화산이 되고 행복하면 꽃처럼 웃고 편안하면 새하얀 구름에 올라탄 기분이 됩니다. 비유 대상을 여러 개 골라도 되고 동물에 비유해도 좋습니다.

2

의인법, 글에
생명력을 불어넣는다

함께하는 퀴즈 토론

1 ✏️ '요즘 인생이 힘들다'라는 뜻을 의인법이 쓰인 문장으로 표현하려면 어떤 표현이 적절할까요? ⓐ~ⓓ에서 골라보세요.

요즘 인생이 •
- • ⓐ 나를 쓰다듬어준다.
- • ⓑ 나를 매일 치고 때린다.
- • ⓒ 나에게 속삭인다.
- • ⓓ 나에게 약속한다.

2 ✎ 아래 두 기행문에 어떤 차이점이 있나요? 읽을 때 두 글의 인상이 어떻게 다른가요? 표현법은 또 어떻게 다른가요?

① 순천만 습지는 아름다웠다. 천천히 흔들리는 갈대밭은 장관이었다. 또 바람이 시원해서 기분이 한결 좋아졌다.

② 순천만 습지는 숨을 쉬고 있었다. 갈대들은 춤을 췄다. 바람이 다정하게 속삭였다. 또 찾아오라고.

3 ✎ 아래 ①~⑤번 문장에는 의인법이 쓰였습니다. 각 문장의 어떤 표현이 의인법에 해당하는지 설명해보세요.

① 새들이 합창하고 있다.
② 꽃이 춤을 추고 있다.
③ 내 위장이 밥 달라고 아우성쳤다.
④ 바람이 소근거렸다.
⑤ 달이 구름 사이에서 숨바꼭질하고 있다.

1 🖊 지구에 있는 것 중에서 없으면 안 되는 것은 무엇인가요? 세 가지나 다섯 가지 정도를 꼽아서 설명하는 글을 써보세요. 열 가지여도 상관없어요. 전쟁 없는 평화, 사랑하는 마음, 하늘, 공기, TV, 스마트폰, 나의 장난감, 우리 가족, 나의 추억, 친구 등등 무엇이든 좋아요. 그것이 왜 소중한지 이유를 글로 표현해보세요.

3

과장법,
글을 재미있게 만든다

함께하는 퀴즈 토론

1 ✏ 아래 ①~③번 문장이 어떤 의미인지, 각 문장에 사용된 표현법이 무엇인지
생각해보며 말해봅시다.

> ① 우주가 끝나는 날까지 너를 사랑해.
> ② 둘이 먹다 하나가 죽어도 모르겠네.
> ③ 아빠가 노크한 순간, 내 간이 콩알만 해졌다.

2 ✐ 아래 ①~⑤번 문장에는 과장법이 쓰였습니다. 이 점을 고려하여 각 문장
이 어떤 뜻인지 말해보세요.

①나는 그 노래를 천 번 넘게 들었다.
②나는 너를 눈곱만큼도 좋아하지 않는다.
③그 사실을 모르는 사람은 한 명도 없다.
④내 배가 등에 붙었다.
⑤해야 할 숙제가 산더미다.

3 ✐ 아래 예문에는 과장법이 쓰였나요? 안 쓰였나요?

①나는 하루도 너를 사랑하지 않은 날이 없다.
②나는 한 순간도 안 빼고 너를 걱정했다.
③나는 하루 온종일 밥만 먹었다.

4

예시,
탄탄한 글을 만든다

함께하는 퀴즈 토론

1 두 어린이가 산타 할아버지에게 선물을 받고 싶다는 글을 썼습니다. 두 글을
읽고 아래 질문에 답해보세요.

① 산타 할아버지, 좋은 선물을 많이 주세요.

② 산타 할아버지, 좋은 선물을 많이 주세요. 예를 들어서 저는
피자 상품권 백 장을 받고 싶어요. 아니면 최신 스마트폰
열 개를 주셔도 괜찮아요. 부탁드려요.

1-1 ✏️ 두 글의 차이점을 찾아보세요. 어떻게 다른가요?

1-2 ✏️ 여러분이 산타 할아버지라면 글①과 글②를 쓴 어린이 중에서 누구에게 선물을 주고 싶나요? 또 그 이유는 무엇인가요?

2 ✏️ 아래 두 글을 읽어보세요. 어느 글이 설득력이 높은가요? 설득력의 차이는 왜 생기는 걸까요?

①머지않아 지구가 멸망할 거라고 주장하는 과학자들이 있다. 지구가 없으면 인류도 살 수 없다. 우리 모두 지구가 멸망하지 않도록 지켜내야 한다.

②머지않아 지구가 멸망할 거라고 주장하는 과학자가 있다. 예를 들어서 영국의 물리학자 스티븐 호킹은 1천 년 내에 지구가 멸망할 거라고 말했다. 기후 변화가 심각하고 또 핵 전쟁이 일어날 수도 있기 때문이라고 했다. 나는 스티븐 호킹 박사의 말을 믿는다. 우리 모두 환경을 보호해야 한다. 또 무기를 줄이고 평화롭게 살아야 한다. 그렇지 않으면 지구가 멸망한다.

3 ✎ 아래 두 글을 읽고 비교해보세요. 어느 글이 더 이해하기 쉽나요?

① 귀여운 동물만 좋아하고 징그러운 동물을 미워하면 안 된다. 징그러운 동물도 우리에게 큰 도움을 주기 때문에 고마워해야 한다. 귀여운 강아지와 고양이와 곰만 좋아하면 잘못이다.

② 귀여운 동물만 좋아하고 징그러운 동물은 미워하면 안 된다. 예를 들어서 지렁이는 징그럽지만 아주 고마운 동물이다. 지렁이는 땅속 청소부다. 지렁이 1백 마리가 음식물 쓰레기 5킬로그램을 3일 만에 처리한다. 또 땅도 비옥하게 만든다. 지렁이는 징그럽지만 고마운 동물이다. 지렁이도 강아지처럼 소중한 존재다.

4 ✎ 아랫글을 읽고 질문에 답해보세요.

동물마다 몸의 열을 식히는 방법이 다양하다. 예를 들어서 사람은 열을 식히기 위해 땀을 흘린다. 땀이 피부에서 증발하면서 열을 앗아가기 때문에 시원해진다. 땀을 흘리지 않는 악어는 다른 방법을 쓴다. 악어는 입을 크게 벌려서 시원한 공기가 입속에서 돌게 만듦으로써 열을 식힌다. 신기하게도 변을 이용하는 동물도 있다. 황새는 다리에 변을 보는데 변 속의 액체가 증발하면서 열을 식혀준다고 한다. 코뿔소는 진흙을 이용한다. 진흙탕에서 뒹굴고 나면 코뿔소의 몸에 진흙이 잔뜩 묻게 되는

데, 진흙 속 수분이 증발하면서 시원해진다. 땀을 조금만 흘리는 개는 헐떡거림을 통해 체온을 낮춘다. 헐떡이며 숨을 쉬는 사이 몸속의 뜨거운 공기를 뱉어내고 시원한 공기를 들이마시는 것이다. 그리고 코끼리는 코로 몸에 물을 뿌리거나 커다란 귀를 펄럭이며 체온을 조절한다. 동물들은 서로 다른 생김새처럼 모두 다른 방식으로 열을 식히면서 살아간다.

4-1 ✏ 몇 가지 예가 제시되었나요?

4-2 ✏ 글의 어느 부분이 가장 흥미로웠나요?

1 ✏ 어떤 사람이 행복한 사람인가요? 행복해보이는 사람이 누구인지 지목해보세요. 스파이더맨, 엘사, 테레사 수녀, 미국 대통령, 신데렐라, 빌 게이츠, 인어공주, 아이언맨, 흥부, 행복한 왕자, 아이돌, 연예인, 아인슈타인, 내 친구, 나 자신 등 누구라도 좋아요. 세 명을 고르고, 그들이 왜 행복하다고 생각하는지 이유를 써보세요.

4

어려운 글쓰기 숙제,
쉽게 해내는 방법

1

기행문, 영화 감상문, 일기 쓰기

함께하는 퀴즈 토론

1 서해 바다로 가족과 여행을 다녀온 어린이가 같은 경험을 서로 다른 기행문 두 편으로 표현했습니다. 기행문 ①과 ②가 어떻게 다른지 비교해보세요.

①서해 바다로 가족과 여행을 다녀왔다. 가는 데 차가 밀려서 세 시간이 걸렸다. 숙소에 짐을 풀고 바닷가로 나갔다. 산책하고 뛰어놀다가 밥을 먹었다. 메뉴는 조개구이였다. 엄마, 아빠는 노래도 불렀다. 숙소에서 잠을 자고 오늘 낮에 집에 돌아왔다. 돌아오는 데는 두 시간 정도 걸렸다. 침대에 누워

서 금방 잠이 들었다.

②서해 바다로 가족과 여행을 다녀왔다. 차 안에서 보낸 시간이 가장 지루했다. 교통량이 많아 세 시간이 걸려서야 목적지에 도착했다. 나와 동생은 지겨워서 혼났다.

첫날 바닷가에서 뛰어놀면서 기분이 좋아졌다. 오랜만에 밖에서 달렸더니 막혔던 가슴이 뚫리는 기분이었다. 가장 행복한 때는 식사 시간이었다. 부드러운 조개구이 맛은 아직도 생생하다.

전혀 기대하지 못한 일도 벌어졌다. 엄마, 아빠가 저녁놀을 보면서 노래를 부른 거다. 부모님은 예쁘게 노래를 불렀다. 집으로 돌아오면서 생각했다. 가족 여행은 아주 행복한 일이라고 말이다.

2 ✏️ 열두 살 아이가 자신의 인생을 돌아보면서 글 두 편을 썼어요. 두 글에는 어떤 차이가 있나요?

①나는 이제 열두 살이다. 여섯 살에 유치원에 갔다. 여덟 살에는 초등학교에 입학했다. 아홉 살에 2학년이 되었다. 영어 학원에 다니기 시작했다. 열 살에는 3학년이 되었다. 수학 학원에 다니기 시작했다. 지금은 열두 살이니까 5학년이다. 학원을 네 군데 다닌다.

②나는 이제 열두 살이다. 가장 행복했던 시기는 유치원 다닐

때였다. 선생님도 친절했고 아이들과 보낸 시간도 즐거웠다. 초등학교에 입학했을 때 마음이 아주 설렜다. 학교 다니는 건 기쁜데 공부는 어렵다. 열 살때 수학 학원에 다니기 시작했는데 그때 가장 힘들었다. 열두 살인 지금은 학원을 네 군데나 다닌다. 열두 살 인생에서 나는 요즘 공부를 가장 많이 하고 있다. 학원 숙제가 많아서 어쩔 수 없이 공부해야 한다.

1 ✎ 일주일을 돌아보는 글을 써보세요. 지난 일주일 동안 일어난 일을 떠올려보고 가장 신났던 것, 가장 행복했던 것, 가장 짜증 났던 것, 영원히 기억할 것, 가장 실망했던 것 등을 골라서 쓰면 됩니다.

2 ✎ 영상 콘텐츠를 본 뒤 감상문을 하나 써보세요. 웹툰이나 유튜브 영상에 대한 감상문도 괜찮아요. 어떤 부분은 좋았고 어떤 부분은 실망이었으며 어떤 내용은 놀라웠는지 자유롭게 표현해보세요.

2

독서 감상문 쓰는 방법

함께하는 퀴즈 토론

1 🖊 같은 책을 읽고 두 어린이가 각기 다른 감상문을 썼습니다. 두 글에서 드러나는 느낌과 생각의 차이를 말해보세요.

> **제목** 나를 슬프게 만든《인어공주》
>
> 《인어공주》를 읽었다. 아주 슬픈 장면이 있었다. 왕자가 다른 여자와 결혼을 결심했을 때는 눈물이 날 뻔했다. 왕자와 결혼을 못 하면 인어공주가 죽기 때문이다. 가슴이 조마조마했지만 다행히도 왕자가 진실을 알게 된다. 바다에 빠진 자기를 인어공주

가 구했다는 사실을 알게 된 것이다. 결국 왕자와 인어공주는 결혼식을 올렸다. 행복한 결말이었다. 책을 읽고는 아주 행복했다.

제목 **답답하다, 글도 모르는 인어공주**
《인어공주》를 읽으면서 내내 답답했다. 왕자는 바다에 빠진 자신을 구해준 생명의 은인이 누구인지 꼭 알고 싶어 했다. 인어공주는 빨리 알려줬어야 한다. 왜 알려주지 못했을까? 목소리를 잃어서라고 변명하는 건 말도 안 된다. 말을 못하면 글로 쓰면 되니까 말이다. 혹시 인어공주는 글도 모르는 걸까? 글을 모르면 그림이라도 그려서 자기가 왕자를 구했다고 알려줘야 했다. 방법이 있는데도 진실을 알리지 않는 인어공주 때문에 이야기 내내 답답했다.《인어공주》는 슬픈 이야기가 아니라 답답한 이야기다.

2 ✎ 아래《신데렐라》감상문을 읽어보세요. 글 쓴 어린이는 주인공 신데렐라와 자신의 차이점에 주목하여 글을 썼습니다. 다시 말해, '나는 신데렐라와 무엇이 다른가'를 고민하고 그 내용을 글로 표현한 것이죠. 글 쓴 어린이가 발견한 그 차이점은 무엇인가요?

제목 **신데렐라야, 발이 큰 나는 불쾌하다**
나와 신데렐라는 차이점이 많다. 나는 엄마와 가족의 사랑을 듬뿍 받는다. 쥐들과 놀지도 않고 깨끗한 방에서 잔다. 또 왕자와 결혼할 생각이 나는 없다.

신데렐라와 나 사이에는 또 다른 차이가 있다. 발 크기가 다르다. 신데렐라는 발이 아주 작다. 신데렐라가 궁전에 유리 구두한 짝을 남겼는데 온 나라를 뒤져도 그 구두를 신을 수 있는 여자가 없었다. 구두가 너무 작았기 때문이다. 오직 신데렐라만유리 구두에 발이 들어갔다. 그런데 여자는 신데렐라처럼 발이작아야 좋은 걸까? 그래야 사랑받을 수 있다는 이야기일까? 아무리 생각해도 이상하다.

나도 신데렐라의 유리 구두를 신지 못할 것 같다. 그래도 괜찮다. 운동화를 신고 뛰어다닐 때 내 발이 든든하다. 스케이트를타고 쌩쌩 달리는 것도 튼튼한 발 덕분이다. 나는 내 발이 좋다.신데렐라의 손바닥만 한 발은 전혀 필요 없다.

3 ✏️ 전혀 다른 감상을 표현한 《흥부와 놀부》 감상문 두 편을 비교해보세요. 글쓴이의 생각은 어떻게 다른가요?

제목 《흥부와 놀부》의 교훈

《흥부와 놀부》는 교훈적인 이야기다. 착하게 살아야 한다는 걸알려주니까 고맙고 소중한 동화다.

놀부는 돈 때문에 동생을 배신했다. 돈이 사람보다 중요한 거다.놀부는 돈에 눈먼 나쁜 사람이다. 그런데 세상에 그런 사람들이 많다. 돈 욕심만 부리는 나쁜 사람들은 밉다.

놀부는 제비 다리를 부러뜨렸으니까 동물 학대까지 저질렀다. 반려견을 몰래 유기하는 사람들도 모두 놀부를 닮았다. 나쁜 사람들은 벌을 받게 된다. 세상의 나쁜 사람들도 조심해야 한다. 벌받기 싫으면《흥부와 놀부》를 읽고 반성해야 한다.

제목 《흥부와 놀부》는 재미가 전혀 없다

솔직히 재미가 없었다. 아파트에 사는 나는 제비를 한 번도 본 적이 없다. 박이 무엇인지도 도저히 모르겠다.《흥부와 놀부》가 알 수 없는 먼 나라 이야기 같았다.

그리고 흥부에게 공감이 안 되었다. 자녀가 무려 열두 명인데 직업이 없다. 좀 게을러 보였다. 흥부가 노력도 없이 벼락부자가 된 것도 감동적이지 않다. 억지 같았다.《흥부와 놀부》는 재미없는 이야기다.

4 아래는《헨젤과 그레텔》감상문입니다. 읽다보면 빨려드는 느낌이 들지 않나요? 이 글의 흡인력은 왜 높은 걸까요?

헨젤과 그레텔에게는 친아빠가 있었다. 친아빠는 나쁜 사람이라고밖에 할 수 없다. 아이들을 버리자고 새엄마가 조르니까 금방 설득되었기 때문이다. 친아빠와 새엄마는 깊은 숲에 남매를 버리고는 집으로 돌아갔다. 숲에 버려진 헨젤과 그레텔은 마녀를 만났다. 마녀는 아이들을 살찌워 잡아먹으려고 했다. 다행히 아이들이 도망쳤지만 정말로 큰일날 뻔했다.

나는 《헨젤과 그레텔》을 읽다가 무서워졌다. 여덟 살 때였나, 내가 말을 듣지 않고 울면서 떼를 쓰자, 엄마가 했던 말이 떠올랐기 때문이다. "너 계속 그러면 다리 밑에 버릴 거야." 왜 다리 밑인지는 모르겠지만 버리겠다는 말이 무서워서 엉엉 울고 말았다.

엄마, 아빠에게 부탁하고 싶다. 제발 나를 버리지 말라고 말이다. 또 가끔 말을 듣지 않아도 너무 미워하지 말라고도 사정하고 싶다. 원래 아이들은 말을 좀 안 듣는 거라는 이야기를 들었다. 할머니 말씀으로는 엄마도 어릴 때 말을 안 들었단다. 그래도 할머니는 엄마를 버리지 않았다. 우리 부모님도 나를 버리지 말아야 한다. 엄마, 아빠, 사랑해요.

마음을 나누는 글쓰기 연습

1 ✏️ 지금까지 읽은 책 중에서 가장 좋았던 책을 두 권 골라서 왜 좋았는지 써보세요. 또 재미없거나 지루했던 책도 두 권 꼽아보세요. 왜 재미없고 지루하다고 느꼈나요?

2 ✎ 《행복한 왕자》의 주인공인 커다란 왕자 동상은 매일 마을을 내려다보다 큰

슬픔에 빠집니다. 가난한 사람들이 고통받는 모습이 마음 아팠던 거죠. 그래

서 자신의 몸에 붙어 있는 보석과 금 조각을 가난한 사람들에게 나눠줬습니

다. 여러분은 누군가를 도운 경험이 있나요? 도움을 줬을 때 기분이 어땠나

요? 글로 써보세요.

3 《개구리 왕자》에는 한 공주가 나옵니다. 공주는 황금 공을 연못에 빠뜨리고
는 울고 있었어요. 개구리가 제안을 합니다. 자신과 친하게 지내겠다고 약속
하면 공을 꺼내주겠다는 거였죠. 공주는 흔쾌히 약속했어요. 그런데 개구리
가 공을 꺼내준 뒤 공주는 자기 집으로 들어가버렸어요. 개구리와의 약속을
헌신짝처럼 버렸던 것이죠.

혹시 약속을 지키지 않은 적이 있나요? 또 누가 약속을 지키지 않아서 속상
했던 일이 있나요? 그런 경험을 글로 써보세요.

4 ✏ 피노키오는 거짓말을 하면 코가 길어집니다. 거짓말을 하자마자 다 들통
나고 마는 거예요. 혹시 거짓말을 했다가 들켜서 곤란했던 경험이 있나
요? 또 거짓말을 하고 들킬까 봐 가슴이 두근거렸던 일은 없나요? 거짓말
한 경험과 《피노키오》를 연결해서 독서 감상문을 써보세요. 아주 재미있
는 글이 될 겁니다.

3

주장하는 글,
쉽고 재미있게 배우기

함께하는 퀴즈 토론

1 아랫글을 읽고 답해보세요.

> ⓐ요즘 어린이들은 책 읽기를 싫어한다. 스마트폰이나 TV를 더 좋아한다. 그러면 안 된다.
>
> ⓑ어린이들은 책을 많이 읽어야 한다. 독서를 많이 하면 좋은 점이 세 가지다. 첫 번째로 어휘력이 늘어난다. 낱말을 많이 알아야 내 마음을 더 정확히 표현할 수 있다.
>
> 독서를 많이 하면 머리도 좋아진다. 머리가 좋아진다는 건

공부를 잘하게 된다는 뜻이다. 미래에 훌륭한 일을 하고 싶은 어린이는 책을 많이 읽어두는 게 좋다.

독서의 세 번째 이로운 점도 있다. 독서를 많이 하면 외모가 빛나게 된다. 나는 독서를 많이 했더니 얼굴 피부가 좋아졌다.

ⓒ어린이들은 스마트폰에 빠지지 말고 책을 많이 읽어야 한다. 어휘력이 늘고 학습능력이 높아지며 피부도 좋아지기 때문이다.

1-1 📝 이 글의 주장과 근거는 무엇인가요?

주장: _____

근거: _____

1-2 📝 설득력이 낮은 근거는 어느 부분인가요?

2 📝 아래 두 글 중에서 어느 것이 더 설득력이 높나요? 설득력의 차이는 어디에서 생기는 걸까요?

① 애써서 연애하지 말자. 초콜릿 사주면서 잘해줘봐야 소용없다. 사랑은 오래가지 않기 때문이다. 비싼 초콜릿은 혼자 먹는 게 낫다.

② 애써서 연애하지 말자. 미국의 신경학자 프레드 노어에 따르

면 사랑은 2년 6개월 뒤에 식는다. 아무리 서로 좋아해도 곧 지겨워진다는 말이다. 비싼 초콜릿은 혼자 먹는 게 낫다.

3   아랫글의 주장과 근거는 무엇인가요? 근거는 모두 타당한가요?

아빠, 요즘 아빠가 저를 많이 야단치는 거 아시죠? 저를 자주 야단치시면 안 됩니다.

야단맞으면 공부가 더 하기 싫어져요. 아빠도 어릴 때 야단을 맞으면 책을 덮고 싶었을 거예요. 저도 똑같아요. 그리고 성적보다 더 중요한 문제도 있어요. 야단치면 가족의 행복이 깨집니다. 야단만 맞으면 저는 아빠를 사랑할 수가 없습니다. 사랑 없는 가정은 불행할 수밖에 없죠.

저를 혼내지 말아야 하는 가장 중요한 이유도 말씀드릴게요. 저는 지금 최선을 다하고 있어요. 앞으로는 더 나아질 거고요.

아빠, 야단치지 말고 저를 응원해주세요. 부탁드려요.

1 📝 엄마, 아빠에게 원하는 바를 적절한 근거를 들어 주장하는 글을 써보세요.

용돈, TV 시청 시간, 부모님의 말투, 먹고 싶은 음식 등 무엇이든 좋습니다.

5

**감각과 감정을
섬세하게 표현하는 글쓰기**

1

슬픔을
다양하게 표현하려면?

함께하는 퀴즈 토론

1 ✏ '슬프다' 대신에 쓸 수 있는 말이 뭐가 있을까요?

2 ✏ 아랫글에서 "슬픈"과 "슬펐다"를 다른 표현으로 고쳐보세요.

《성냥팔이 소녀》는 굉장히 슬픈 이야기다. 어린아이가 추운 길에서 장사를 하는 게 슬펐다. 어느 가족이 밥 먹는 장면을 소녀가 부러워하며 쳐다볼 때도 무척 슬펐다. 뭐니 뭐니 해도 이야기의 결말이 가장 슬펐다. 소녀가 세상을 떠날 때 나는 무척 슬펐다.

3 ✎ 앞선 표현에 뒤이어 나올 수 있는 적합한 마음 표현을 찾아 선을 그어보세요.

모르는 아이들과 인사를 하는데 ·

· 슬펐다.
· 속상했다.
· 걱정되었다.
· 부끄러웠다.

친구들이 나를 놀려서 ·

· 슬펐다.
· 속상했다.
· 걱정되었다.
· 부끄러웠다.

다음 날이 시험 날이라서 ·

· 슬펐다.
· 속상했다.
· 걱정되었다.
· 부끄러웠다.

4 ✏️ 다음 중 '내가 슬프다' 대신 쓸 수 있는 표현은 몇 개인가요?

① 내 가슴이 아프다.
② 내 가슴이 미어진다.
③ 내 가슴이 뜨끔하다.
④ 내 가슴이 끓어오른다.
⑤ 내 가슴이 아리다.

5 ✏️ 아래 보기에서 나머지 보기와 뜻이 다른 보기는 몇 번인가요?

① 눈시울이 뜨거웠다
② 눈시울을 붉혔다
③ 눈꺼풀이 무거웠다
④ 코끝이 찡했다
⑤ 눈자위가 뜨거워졌다

1 ✏️ 아빠는 언제 가장 슬퍼보이나요? 또 어떤 경우에 기뻐보이나요? 최소 두 가지씩 예를 들어보세요. 아빠 대신 친한 친구가 언제 기뻐하고 슬퍼하는지에 대해 글을 써도 좋아요.

2

기쁜 마음을
다채롭게 그려내려면?

함께하는 퀴즈 토론

1 기쁜 마음을 다채롭게 표현하는 연습을 해볼게요. 빈칸 안에 어떤 표현을 넣을 수 있을지 말해보세요. 그리고 왜 그렇게 생각했는지도 함께 이야기해보세요. 적절한 이유를 댈 수만 있다면 빈칸에 들어가는 표현은 한 가지가 아닌, 여러 가지가 될 수 있습니다.

- 아빠가 좋은 선물을 주신다고 했다.

  나는 _____

- 캠핑장에서 난생처음으로 별똥별을 봤다.

  나는 _____

3

화난 마음을
열 가지로 나타내는 방법

함께하는 퀴즈 토론

1 '화가 났다' 대신에 쓸 수 있는 표현을 익혀보겠습니다. 밑줄 친 표현의 의미
가 각각 어떻게 다른지 이야기해보세요.

> • 동생이 자기가 잘났다는 말을 자꾸 반복했다. 나는 <u>화가 났다.</u>
> • 동생이 자기가 잘났다는 말을 자꾸 반복했다. 나는 <u>지겨웠다.</u>
> • 동생이 자기가 잘났다는 말을 자꾸 반복했다. 나는 <u>괴로웠다.</u>

- 친구가 나에게 거짓말을 했다. 나는 화가 났다.
- 친구가 나에게 거짓말을 했다. 나는 기분이 상했다.
- 친구가 나에게 거짓말을 했다. 나는 배신감을 느꼈다.

- 내 숙제 노트를 강아지가 먹어버렸다. 나는 화가 났다.
- 내 숙제 노트를 강아지가 먹어버렸다. 나는 짜증이 났다.
- 내 숙제 노트를 강아지가 먹어버렸다. 나는 실망했다.
- 내 숙제 노트를 강아지가 먹어버렸다. 나는 뿔났다.

1 나를 기쁘게 하는 일은 무엇인가요? 또 나를 화나게 하는 일은 무엇인가요? 칭찬, 스마트폰, 놀이, 독서, 휴식, 간식, 숙제, 오해, 벌 서기, 외면 등 다양하게 있을 거예요. 나를 기쁘게 하는 일과 화나게 하는 일을 각기 세 가지씩 적어보고 왜 그런 감정을 느끼는지도 함께 적어보세요.

4

'재미있다'에 숨어 있는
세 가지 의미

함께하는 퀴즈 토론

1 ✏️ 아래 두 글은 같은 소재로 서로 다른 내용을 담고 있습니다. 두 글을 읽으며
어떤 느낌을 받았나요? 두 글의 차이점은 무엇인가요?

① 어제는 《강아지똥》을 읽었다. 참 재미있었다. 아침에는 TV
에서 〈런닝맨〉을 봤다. 아주 재미있었다. 지금은 《우주 이야
기》를 읽고 있다. 너무 재미있다.

② 어제는 《강아지똥》을 읽었다. 눈물이 핑 돌게 감동적이었
다. 아침에는 TV에서 〈런닝맨〉을 봤다. 보면서 배가 아플

정도로 웃었다. 지금은 《우주 이야기》를 읽고 있다. 아주 흥미롭다.

2 🖊 아랫글에서 밑줄 친 "재미있었다" 혹은 "재미있는"을 다른 표현으로 바꿔 보세요.

《성냥팔이 소녀》를 읽었다. <u>재미있었다</u>. 영어 책에서는 'How are you?'라는 인사도 배웠다. <u>재미있었다</u>. 친구들과 만나서 떠들며 이야기했다. <u>재미있었다</u>. 오늘은 온통 <u>재미있는</u> 일만 생겼다.

1 ✏️ 내 인생에서 가장 재미있던 일은 무엇인가요? 감동, 웃음, 흥미 등 무엇이든 좋습니다. 재미있던 인생 사건을 세 가지만 꼽고 왜 그렇게 느꼈는지 함께 적어보세요.

5

감정 표현 글을
길게 쓰는 방법

함께하는 퀴즈 토론

1 ✎ 재미있는 TV 프로그램을 본 두 어린이가 글을 썼습니다. ①과 ②는 어떤 차이가 있는지 설명해보세요.

> ① 오늘 저녁에 〈런닝맨〉을 봤다. 웃겨서 혼났다. 이렇게 재미있는 프로그램이 있어서 기쁘다.
>
> ② 오늘 저녁에 〈런닝맨〉을 보면서 폭소를 참지 못했다. 지금까지 이렇게 재미있는 TV 프로그램이 있었을까? 기억을 더듬어보니 딱 두 개가 더 재미있었다. 개그맨들이 타조와 달리

기 경주를 했던 〈무한도전〉을 재방송으로 봤는데 이 에피소드가 1위다. 또 노래하는 원숭이가 나왔던 〈동물의 세계〉가 2위다. 그러니까 오늘 본 〈런닝맨〉은 내가 본 코미디 중에서 역대 3위다. 긴 세월동안 하나도 나오기 힘든 걸작이다. 지금 생각해도 웃긴다.

2 ✏️ 아래 두 글의 차이는 무엇인지도 이야기해보세요.

① 오늘 저녁에 〈런닝맨〉을 봤다. 웃겨서 혼났다. 이렇게 재미있는 프로그램이 있어서 기쁘다.

② 오늘 저녁 〈런닝맨〉을 보면서 나는 폭소를 참지 못했다. 동생이 깜짝 놀랄 정도로 나의 웃음 소리가 컸다. 아빠도 웃음을 터뜨렸다. 배를 잡고 웃다가 뒤로 넘어갔다. 아빠는 오늘 유독 재미있었다고 말씀하셨다. 그런데 엄마는 조금도 웃지 않았다. 유치하다는 말씀도 하셨다. 유치한 게 무슨 뜻이냐고 물었더니, 어린애 같은 거라고 말씀하셨다. 사실은 유치해야 웃긴 건데 엄마는 그걸 모르는 것 같다. 오늘 〈런닝맨〉은 유치해서 최고였다.

마음을 나누는 글쓰기 연습

1 ✎ 오늘 우리 가족의 마음은 어땠나요? 표정은 어땠나요? 가족들에게 무슨 일
이 있었나요? 곰곰이 생각하고 써보세요. 가족들을 더 사랑하게 될 거예요.

6

맛과 촉감을
정교하게 표현하려면?

함께하는 퀴즈 토론

1 아래 두 글을 읽고 비교해보세요. 어느 글이 더 재미있나요? 그리고 왜 그렇게 느껴지나요?

①어제는 계란 볶음밥을 먹었다. 아주 맛있었다. 오늘 낮에는 치킨를 시켜 먹었다. 굉장히 맛있었다. 밤에 야식으로 라면을 먹었다. 너무너무 맛있었다. 요즘 나는 행복하다.

②어제는 계란 볶음밥을 먹었다. 아주 부드럽고 고소했다. 오늘 낮에는 치킨을 시켜 먹었다. 치킨 조각을 씹으니까 바삭바삭

부서지면서 여러 맛이 났다. 매콤하면서 달콤했고 짠맛도 있었다. 밤에 먹은 라면은 얼큰해서 맛있었다. 국물을 뺏어 먹던 아빠는 "캬, 칼칼하다"라고 하셨다. 요즘 맛있는 걸 많이 먹는다. 나는 세상에서 가장 행복하다.

2 🖊 화가 난 아빠의 얼굴에 생기는 변화를 적은 두 글을 비교해보세요. 어느 글이 더 재미있나요? 또 재미있게 느껴지는 이유는 무엇일까요?

①아빠는 착하지만 가끔 화를 낸다. 화가 나면 얼굴이 붉어지고 코에 힘이 들어간다. 이럴 땐 아빠가 뿔이 난 거다. 조심조심 달래줘야 한다.

②아빠는 착하지만 가끔 화를 낸다. 화가 나면 아빠 얼굴은 불그죽죽해진다. 또 코에 힘이 잔뜩 들어가고 결국 콧구멍이 벌름벌름한다. 입술이 실룩거리면서 왼쪽 콧구멍이 더 커지면 그땐 아빠가 정말로 뿔이 난 거다. 조심조심 달래줘야 한다.

1 ✎ 최근에 먹은 맛있는 음식은 무엇이었나요? 입에 넣으니까 어떤 느낌이었고,

기분은 또 어땠나요? 자세히 써보세요. 내가 느끼고 본 것을 더 섬세하게 표

현하면 기분이 좋아지고 행복해질 겁니다. 글쓰기가 행복의 비결입니다.

2 ✎ 엄마를 꼭 끌어안으면 기분이 어떤가요? 어떤 감촉이고 어떤 향이 나나요?

구체적으로 써보세요.

6

창의적이고 심층적인
글쓰기 기법

1

비교와 대조:
공감과 존중 배우기

함께하는 퀴즈 토론

1 개와 고양이를 비교하고 대조해보세요. 성격과 외모 등 어떤 것이든 좋아요. 닮은 점은 무엇이고 다른 점은 무엇인가요? 공통점과 차이점을 각각 세 가지 이상 찾아 이야기해보세요.

2 ✏ 이번에는 개그맨 유재석 씨와 강호동 씨를 비교 대조해보세요. 힌트를 드릴게요. 둘 다 개그맨이라는 점은 같아요. 그런데 한쪽은 강하고 다른 한쪽은 부드러운 이미지입니다. 또 몸 크기와 목소리 크기도 달라요. 두 사람의 공통점과 차이점을 각각 세 가지 이상 찾아 벤다이어그램으로 표현해보세요.

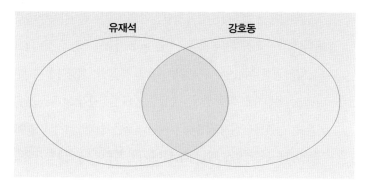

3 ✏ 경주를 했던 토끼와 거북 이야기 아시죠? 이야기 속에서 토끼와 거북의 차이점과 공통점을 생각해보세요. 힌트를 드릴게요. 토끼와 거북은 네발 동물이라는 점이 같아요. 또 이기고 싶은 마음이 있다는 점도 똑같죠. 그런데 다른 점도 있어요. 토끼는 빠르지만 자만하는 성격이고 거북은 느리지만 인내심이 강해요. 여러분이 생각하는 토끼와 거북의 공통점과 차이점이 또 있을 거예요. 아래 벤다이어그램을 채워보세요.

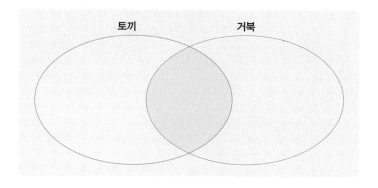

4 달과 지구는 어떤 게 닮았고 어떤 게 다른지 생각해보세요.

달과 지구는 공통점이 있어요. 태양계에 속해 있다는 게 같아요. 또 스스로 빛을 내지 않는다는 점도 같고요. 또 지구와 달은 중심에 핵이 있다는 점이 비슷해요.

그런데 닮은 점보다 다른 점이 훨씬 많아요. 지구는 행성이어서 태양 주변을 돕니다. 달은 위성이어서 지구 주변을 돌죠. 지구의 공전 주기는 약 365일인데, 달의 공전 주기는 약 27.3일입니다. 또 지구에는 생명이 살 수 있다는 점이 아주 특별하죠. 지구 위에는 수많은 종의 생명체가 살고 있습니다. 반면 달에는 생명체가 살지 않습니다. 지구와 달은 중력의 크기도 달라요. 지구 중력이 달 중력의 여섯 배입니다. 달에 가면 체중이 6분의 1로 가벼워집니다. 지구와 달은 크기도 달라요. 달의 지름은 지구 지름의 4분의 1입니다. 또 지구 표면에는 숲과 물이 있지만, 달 표면에는 크레이터(구덩이)가 많아요.

여러분이 알고 있는 것도 더해서, 벤다이어그램을 채워보세요.

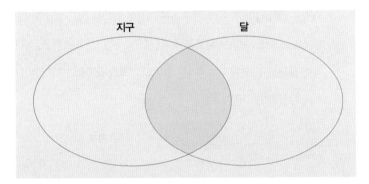

1 가장 친한 친구와 나를 비교·대조해보세요. 어떤 점이 비슷하고 어떤 점이 다른지 세 가지씩 골라서 글로 써보는 겁니다.

2 스마트폰과 TV의 공통점과 차이점은 무엇인가요? 둘 다 재미있고 기분을 좋게 만듭니다. 그런데 스마트폰만 있으면 TV는 필요 없나요? 아닐 겁니다. TV가 꼭 필요할 때가 있어요. 스마트폰과 TV에 분명히 다른 면도 있다는 증거입니다. 두 기기의 같은 점과 다른 점을 세 가지씩 써보세요.

3 엄마와 나를 비교하고 대조해서 글을 써보세요. 어떤 공통점이 있고 어떤 차이점이 있는지 써보는 겁니다. 외모나 성격 그리고 습관에 대해서 잘 생각해보면, 닮은 점과 다른 점을 떠올릴 수 있을 거예요.

4 엄마와 아빠를 비교하고 대조해보세요. 엄마와 아빠는 어떤 면이 닮았나요? 또 어떤 면에서 다른가요? 말투, 식성, TV 드라마 취향 등 뭐든지 좋아요.

2

분석: 분해하고 꿰뚫어보는
실력 키우기

함께하는 퀴즈 토론

1 《피노키오》 감상문입니다. 피노키오가 저지른 4가지 잘못이 무엇인가요? 그리고 글쓴이는 분석 끝에 어떤 결론에 도달했나요?

제목 나쁜 행동을 반성한 피노키오

《피노키오》는 재미있으면서도 어렵다. 작가 카를로 콜로디가 왜 《피노키오》를 썼는지 알 수 없었다. 작가는 어린이들이 무엇을 배우길 원했던 것일까. 나는 피노키오의 행동을 분석해보기로 했다.

피노키오는 못된 아이였다. 한번은 제페토 할아버지가 외투까지 팔아서 사준 책을 읽기는커녕 다 팔아서 그 돈으로 인형극 구경을 했다. 피노키오의 말썽은 점점 심해졌다. 학교에 가지도 않았고 또 남을 속이는 친구들과도 어울리다가 결국 집을 나와 버렸다. 가출한 피노키오는 서커스단에 잡혀가고 감옥에도 갇혔다. 또 거짓말을 해서 코가 장대처럼 길어지는 일까지 겪었다. 피노키오가 한 행동들을 분석해보니까 피노키오는 말썽쟁이었다. 나쁜 짓만 골라 해서 할아버지를 슬프게 만들었다. 나쁜 행동은 사랑하는 사람의 마음을 아프게 만든다.

하지만 피노키오는 생각을 바꾼다. 할아버지를 슬프게 한 걸 반성하고 착실한 아이가 되기로 결심한 거다. 그러자 요정이 나타나 나무 인형 피노키오를 진짜 사람으로 만들어줬다. 나쁜 행동을 하던 피노키오는 착해졌다.

그런데 착하다는 게 뭘까? 사랑하는 사람을 슬프게 만들지 않아야 착한 게 아닐까? 피노키오도 할아버지의 사랑이 얼마나 고마운지 깨달으며 착해졌다. 나도 착한 사람이 될 거다. 사랑하는 부모님과 친구와 동생의 마음을 아프게 하지 않을 테다. 《피노키오》를 읽고 그렇게 마음 먹었다.

2 한 초등학생이 했던 말을 제가 글로 옮겼습니다. 글을 분석해보세요. 이 아이가 자신을 사랑하고 있는지 이야기해보세요.

나는 친구들이 부럽다. 노래를 잘하는 아이와 좋은 옷을 산 아이를 보면 부럽다. 부러우면 기분이 나빠진다. 노래를 못하는 내가 미워지고 예쁜 옷이 없는 게 화가 난다. 나는 내가 싫을 때가 많다.

나는 엄마, 아빠에게 잘못을 많이 한다. 오늘은 학원에서 본 시험 성적이 낮게 나왔다. 엄마, 아빠가 속상해하셨다. 많이 슬퍼하시는 것 같았다. 내 잘못이다. 내가 잘못해서 부모님 마음을 아프게 했다. 나는 나쁜 아이다.

나는 또 바보 같은 아이다. 친구의 재미없는 이야기를 듣고도 크게 웃어준다. 친구가 실망하는 게 싫어서 웃어주는 거다. 또 친구들이 부탁하면 무조건 들어준다. 거절하면 나를 미워할까 봐 무섭다. 어제는 친구들이 나를 미워하는 꿈을 꾸고 울었다. 나는 나 자신보다 친구들을 더 좋아하는 것 같다.

1 엄마나 아빠의 얼굴을 분석하는 글을 써보세요. 주로 어떤 표정을 짓는지, 그때 눈은 어떤 모양인지, 코와 입은 어떤 형태인지 써보세요. 또 이마와 볼과 턱 모양도 묘사해보세요. 그럴 때 엄마 혹은 아빠의 분위기는 어떤지도 함께 써보세요.

2 나의 일상을 분석하는 글을 써보세요. 나는 무엇을 좋아하는 사람인지 알아내는 게 목표예요. 어떤 과목을 공부할 때 가장 기분 좋은가요? 누구와 무엇을 할 때 가장 즐겁나요? 스마트폰으로는 주로 무엇을 하나요? 어떤 책, 어떤 음식, 어떤 TV 프로그램을 좋아하나요? 내가 좋아하는 것을 생각하다보면, 나에 대해서 더 잘 알게 될 거예요.

3

**분류: 생각을
단순 명료하게 만들기**

함께하는 퀴즈 토론

1 📝 일상에서 나를 기분 좋게 만드는 것과 힘들게 하는 것을 두 가지 요소로 분류해 적어보세요.

1 ✎ 코끼리를 분류해보세요. 코끼리에는 어떤 종이 있나요? 종별 차이점은 무엇
   인가요? '코끼리 종'이라고 인터넷 검색을 하면 답을 찾을 수 있어요.

2 ✎ 엄마와 아빠의 말을 분류해봅시다. 어떤 말이 나에게 용기를 주고 어떤 말
   때문에 좌절하나요? 또 나를 슬프게 만드는 말과 기쁘게 만드는 말은 무엇
   인가요? 왜 그 말을 들을 때 슬픔 또는 기쁨을 느끼는 걸까요?

메모

변화를 만드는 초등 글쓰기 비법

한 문장도 어려워하던 아이가
글쓰기를 시작합니다

해설

정재영 지음

김영사

✏️ 정재영

1990년대부터 학생들에게 글쓰기를 가르치기 시작했다. 영어보다 모국어 공부를 기피하는 초등학생들의 모습이 의아했다. 중고등학생들이 글쓰기를 수학만큼 어려워하는 현실에 안타까움도 느꼈다. 문제는 글쓰기 교육 방법에 있었다. 딱딱하고 상투적으로 가르치면 글쓰기가 지루하고 싫어진다. 깊이 있으면서 흥미로운 글쓰기 교육서가 필요하다고 생각했고, 즐거운 글쓰기 교육이 가능하다고 믿으며 이 책을 집필했다.

저서로 종합 베스트셀러 1위 《왜 아이에게 그런 말을 했을까》《말투를 바꿨더니 아이가 공부를 시작합니다》 등이 있다.

abookfactory@gmail.com

부록에 실린 연습문제에는 대부분 '정답'이 없습니다. 근사치의 답 혹은 상대적으로 나은 답만 있을 뿐입니다. 부록의 주된 목표는 정답 찾는 기술을 알려주는 것이 아니라 어린이가 글 쓰는 재미를 느끼도록 돕는 것입니다. 아울러 감정 인지 교육도 목표로 삼았습니다. 그래서 좋고 싫고 기쁘고 슬픈 자기감정을 인지하도록 이끄는 문제를 많이 실었습니다. 또한 교감 교육도 염두하여 부록을 썼습니다. 아이가 부모님 등 글쓰기를 지도하는 분과 마음을 나누면서 대화할 계기를 마련하고 싶었습니다.

'함께하는 퀴즈 토론'를 놀이터처럼 느끼면 좋겠습니다. 부모님과 아이가 게임하듯 즐겁게 웃으며 문제를 풀기 바랍니다. '마음을 나누는 글쓰기 연습'은 상호 이해의 장이 되리라 기대합니다. 아이가 자유롭게 표현한 감상을 부모님 등 어른이 따뜻하게 이해하고 포용해 주면 좋겠습니다.

끝으로 '도움말'의 경우, 사실은 쓰기 부담스러웠습니다. 말씀드렸듯이 언어 문제에 '정답'이 없기 때문이죠. 오히려 완전한 '오답'을 선택하는 어린이가 언어적 상상력이 출중한 경우도 있습니다. 아이에게 정답을 맞히라고 채근하는 대신 즐겁게 읽고 쓸 기회를 주면 좋겠습니다.

해설

차
례

1

글을 쓰는 어린이가
행복하다

1

글을 쓰는 어린이가
행복하다

함께하는 퀴즈 토론

1 📝 아래 두 글을 읽고 비교해보세요. 어떻게 다른가요? 왜 이런 차이점이 느껴
   질까요?

> ① 아침을 먹고 학교에 갔다. 학교 끝나고 학원에 갔다가 집에
>   와서 밥을 먹었다. 학원 선생님은 오늘은 숙제가 없다고 말
>   씀하셨다. 집에 돌아와서 TV를 보다가 잤다.
> ② 오늘도 다른 날처럼 똑같이 일과를 반복했다. 아침 먹고 학
>   교 갔다가 다시 학원 가고 집으로 돌아왔다. 그런데 오늘 학

원에서 최고 좋은 일이 생겼다. 선생님께서 오늘은 숙제가 없다고 했기 때문이다. 얼마 살지도 않았지만 살다 살다 이런 날도 있구나 생각하면서 감격했다. 오늘은 기쁜 날이다.

도움말 ①에는 오늘 한 일이 단순 나열되어 있습니다. 일과를 시간순으로 늘어놓기만 해 지루합니다.

②는 다릅니다. 오늘 하루 중에서 가장 좋은 일이 무엇인지 말하고 있어요. 훨씬 재미있는 글이 되었네요.

사실을 단순 나열하지 말고, 이건 좋고 저건 나쁘다는 주관적인 평가를 덧붙이면 글이 더 흥미로워집니다.

2 🖎 이번엔 좀 더 어려울 수 있겠네요. 아랫글에서 밑줄 친 부분을 더 읽기 쉽게, 다른 표현으로 바꿔보세요.

나도 사춘기가 시작되었다. 엄마의 간섭이 싫어지기 시작했다. 어릴 때는 엄마가 빨리 숙제하라고 참견해도 참았는데 이제는 그 말이 지겹다. 내가 원하는 것은 내 일은 내가 알아서 하고 싶다. 숙제를 시작할 때 엄마가 간섭하면 하기 싫어진다. 나는 내 인생의 주인이 되길 원한다. 더 이상 간섭은 싫다.

사춘기라서 그런지 나는 내 방문을 닫는 게 좋아졌다. 그런데 엄마 아빠가 그걸 가장 싫어한다. 방문을 자꾸 열고 들어와 내가 뭘 하는지 감시하니까 나는 피곤하다.

나는 남의 시선도 많이 의식한다. 친구들이 날 어떻게 생각할까 신경 쓴다. 어릴 때는 엄마, 아빠의 칭찬이 최고였지만 이제는 친구들의 '좋아요'가 최고다. 나는 또 거울 앞에 서서 얼굴을 더 꼼꼼히 살피며 머리를 가다듬고 옷이 잘 어울리는지 오랫동안 보면서 고민한다. 그럴 때면 엄마, 아빠는 내가 외모에 너무 신경 쓴다고 또 야단이다. 괴롭다. 나를 그냥 내버려두면 안 되는 걸까?

도움말 먼저 심각한 문제는 아니어도 '반복'의 문제를 짚겠습니다. 같은 표현이 반복되면 글이 재미를 잃어요. 반복되는 표현을 교체하는 게 좋습니다.

• 나도 사춘기가 시작되었다. 엄마의 간섭이 싫어지기 시작했다.
  ⇨ 나도 사춘기가 시작되었다. 엄마의 간섭이 싫어진 것이 그 중거다.

• 어릴 때는 엄마, 아빠의 칭찬이 최고였지만 이제는 친구들의 '좋아요'가 최고다.
  ⇨ 어릴 때는 엄마, 아빠의 칭찬이 최고였지만 이제는 친구들의 '좋아요'가 더 소중하다.

주어와 서술어가 호응하지 않는 문장도 있네요.

• 내가 원하는 것은(주어) 내 일은 내가 알아서 하고 싶다.(서술어)

 ⇨ 내 일은 내가 알아서 하기를 원한다.

간결하게 줄여야 할 문장도 있습니다.

• 거울 앞에 서서 얼굴을 더 꼼꼼히 살피며 머리를 가다듬고 옷이 잘
어울리는지 오랫동안 보면서 고민한다.

 ⇨ 거울 앞에서 얼굴과 머리와 옷을 살피면서 시간을 오래 보낸다.

  (짧게)

 ⇨ 거울 앞에서 시간을 오래 보낸다. (더 짧게)

마음을 나누는 글쓰기 연습

1 📝 내가 가장 좋아하는 음식은 무엇인가요? 또 싫어하는 음식은 무엇인가요? 각각 그 음식이 왜 좋고 싫은지 이유까지 함께 적어주면 더 좋은 글이 됩니다.

도움말 아이는 자신이 무엇을 좋아하고 싫어하는지 명확하게 알지 못하거나 알더라도 분명하게 밝히길 꺼릴 때가 있습니다. 표현하는 것이 익숙지 않아서이기도 하고, 생각해볼 겨를이 없어서일 수도 있습니다. 자기 취향을 알아야 더 즐겁게 지낼 수 있습니다. 아이가 자신이 좋아하거나 싫어하는 것을 알고 당당히 표현하도록 응원해주세요.

2 📝 최근 친구나 선생님, 부모님이 나를 슬프게 한 일이 있었나요? 어떤 일이었고 왜 그런 기분이 느껴졌나요? 최근 속상했던 일 세 가지를 글로 표현해보세요. 글로 쓰기만 해도 기분이 나아질 겁니다.

도움말 아무리 훌륭한 선생님도 가끔은 상대방이 서운해할 만한 말을 내뱉기도 합니다. 가장 친한 친구의 입에서도 상처를 주는 말이 나올 때가 있고요. 부모님은 또 말할 것도 없겠죠. 이때 아픔이

나 상처를 숨기는 건 아이에게 좋지 않습니다. 섭섭함이나 슬픔 등을 주저 없이 표현할 수 있어야 아이의 마음이 건강해집니다. 눈치 보지 말고 맘껏 털어놓으라고 부모님이 격려하면, 아이에게 큰 힘이 될 것입니다.

2

∙∙∙∙∙∙∙∙∙∙∙∙∙

꼭 알아야 할
글쓰기 필수 기술 여덟 가지

1

글 제목을
어떻게 정할까?

함께하는 퀴즈 토론

1 비교를 당해서 슬픈 어린이가 쓴 글을 읽어보세요.

> 엄마는 나와 친구를 비교하면서 스트레스를 준다. 오늘도 그랬다. 엄마가 이렇게 말씀하셨다. "채우는 중학교 영어 문법을 공부하고 있어. 또 영서는 하루에 책을 한 권은 꼭 읽는대. 소율이는 말이야, 6학년 1학기까지 수학 선행 학습을 다 끝냈어. 그런데 너는 유튜브 보고 게임만 하면 어떡하니?" 이렇게 엄마는 매일 비교한다. 나는 매일 화가 난다.

1-1 🖊 아래 보기 중 앞에 제시된 글의 제목으로 알맞아 보이는 것은 무엇인가요? 여러 개를 골라도 좋습니다. 그리고 그렇게 고른 이유는 무엇인가요?

① 엄마와 나의 대화
② 잔소리에 대하여
③ 엄마는 나를 친구와 비교한다
④ 내가 매일 화가 나는 이유

도움말 ①은 좋지 않습니다. 글 내용이 엄마와 나의 대화인 것은 맞아요. 그런데 대화는 대화인데 어떤 대화인가요? 구체적이지 않아요. ②도 부적절해요. 잔소리는 잔소리인데 어떤 잔소리인가요? 역시 구체적이지 않네요. ③과 ④는 제목으로 어울립니다. ③은 중요 내용을 잘 담은 제목입니다. 글의 핵심을 알 수 있습니다. ④는 화 나는 이유가 무엇일지 읽는 사람에게 호기심과 흥미를 일으키는 제목이네요. ③과 ④ 중에서 하나를 택하면 됩니다. 물론 다른 제목도 얼마든지 괜찮아요.

1-2 🖊 윗글의 제목을 직접 정한다면 어떤 것이 좋을까요?

도움말 '스트레스'를 키워드로 제목을 정할 수 있습니다. 가령 '엄마가 매일 주는 스트레스'라고 제목을 지을 수 있습니다. 또 '매일 밤 귀를 막고 싶은 이유'라는 제목을 지을 수도 있겠죠.

2 ✎ 친구와 비교당해서 스트레스가 심했던 아이가 반격을 했어요. 엄마에게 대
  갚음하고 말았네요.

> 내가 오늘 엄마에게 말했다. "채우 엄마는 영어를 잘해. 영서
> 엄마는 언제나 다정해. 엄마는 뭐야? 엄마가 잘하는 거는 뭐냐
> 고!" 나는 소리쳤다. 그동안 쌓여 있던 화를 다 터뜨렸다. 그 순
> 간 속이 아주 시원했다.
> 엄마의 얼굴이 굳어졌다. 엄마의 눈이 반짝거렸다. 눈물이었다.
> 그렁거리던 눈물 몇 방울이 흘러내렸다. 내가 무슨 짓을 한 걸
> 까? 내가 엄마를 울렸다. 나는 후회했다. 나는 나쁜 아이다.
> 엄마에게 울지 말라고 했다. 다른 엄마들과 비교해서 미안하다
> 고 사과도 했다. 엄마가 말했다. "비교당한 게 슬퍼서 우는 게
> 아니야. 그동안 네가 마음 아팠을 걸 생각하니 눈물이 났어."
> 나도 눈물이 났다. 비교당했을 때 슬펐던 마음이 떠올라서 울
> 었고 엄마에게 너무 미안해서 또 울었다.

2-1 ✎ 아래 보기 중 윗글의 제목으로 알맞아 보이는 것은 무엇인가요? 여러 개
  를 골라도 좋습니다. 그리고 그렇게 고른 이유는 무엇인가요?

① 어젯밤 있었던 일
② 나의 복수
③ 엄마와 함께 흘린 눈물
④ 내가 엄마를 슬프게 했다

도움말 ①은 좋은 제목이 아닙니다. 행복한 일, 슬픈 일, 웃긴 일 등 무슨 일에든 쓸 수 있는 제목이에요. 아무 글에나 붙일 수 있는 제목이어서 좋지 않아요. 구체적이지 않은 것이죠. ②는 관심을 끌지만 지나치게 과격한 느낌이라서 저는 거북합니다. 미안해서 울었다는 마지막 내용과 맞지도 않고요. 제 판단에는 ③과 ④가 적절한 제목입니다. 그중에서 저의 취향으로는 ③이 더 끌려요. 호기심을 느끼게 하고 어제 일의 중요한 내용을 잘 요약했기 때문입니다.

2-2 ✏️ 윗글의 제목을 직접 정한다면 어떤 것이 좋을까요?

도움말 '어젯밤 두 번 후회했다'나 '말이 사람의 마음을 다치게 한다' 또는 '화를 내고 후회했다' 등 다양한 제목을 지을 수 있습니다.

3 ✏️ 심심해서 견딜 수 없었던 어린이가 글을 썼습니다. 이 글을 읽고 어떤 제목을 붙이면 좋을지 보기에서 골라보세요.

어제는 1월 3일 일요일이었다. 아홉 시쯤에 일어나서 아침을 먹고 TV를 봤다. 숙제를 하다가 점심 먹고 또 TV를 봤다. 오후에는 스마트폰을 하면서 시간을 보냈다. 요즘은 코로나 때문에 친구들과 놀지도 못한다. 오후 열 시 정도에 잤다. 아주 지루한 일요일이었다.

① 일요일에는 편히 쉬어야 한다
② 바빴던 일요일의 기록
③ 지루한 일요일이었다
④ 일요일은 항상 지루하다

도움말 ①은 글의 내용과 연관성을 찾기 어려워 제목이 되기엔 부적절합니다. 편히 쉬어야 한다는 주장이 글에 전혀 없기 때문이지요. 또 하루 종일 지루하다고 했으니까 ②도 부적합합니다. 글 어디를 봐도 일요일마다 항상 지루하다는 내용은 없기에 ④가 제목이 되기도 어렵습니다. 따라서 ③번이 가장 괜찮은 제목입니다.

4 🖊 이번에는 설명하는 글입니다. 제목으로 뭐가 좋을까 생각하면서 읽어보세요.

지구를 지배하던 공룡들은 어떻게 모조리 사라졌을까? 소행성 충돌이 원인이라는 주장이 유력하다. 약 6,600만 년 전 중앙아메리카의 유카탄반도에 소행성이 떨어졌다. 소행성이라고 해서 작은 게 아니었다. 소행성의 지름은 최소 10킬로미터인 것으로 추정된다. 거대한 산과 비슷한 크기였다. 거대한 소행성이 일으킨 폭발의 위력은 실로 어마어마했다. 어느 과학자의 추정에 따르면 히로시마에 떨어진 원자폭탄 100억 개가 한꺼번에 터지는 충격이었다. 소행성이 떨어진 부근은 물론이고 수천 킬로미터 떨어진 숲도 활활 불타올랐고 지구 곳곳에서 강력한 지진과 초대형 해일이 일어났다. 가장 심각한 것은 연기와 먼지가 구름을 이루어 햇빛을 가렸다는 점이다. 곧 식물들이 죽었으며 이어서 풀을 먹는 초식동물이 죽고 그다음에 육식동물이 죽어갔다. 유카탄반도에 떨어진 소행성 때문에 지구에 살던 동식물 중 75퍼센트가 사라지고 말았다. 수천만 년 동안 지구에서 번성했던 공룡도 그때 멸종했다.

4-1 ✏️ 공룡이 멸종한 즈음에 엄청난 사건이 있었네요. 이 글의 제목으로 적절한 것을 보기에서 모두 골라보세요.

① 공룡들이 불쌍하다
② 환경보호의 중요성
③ 공룡과 소행성
④ 공룡의 멸종 이유
⑤ 공룡은 소행성 탓에 멸종했다
⑥ 공룡을 멸종시킨 무서운 사건

도움말 ①은 제목으로 적당하지 않습니다. 공룡들이 불쌍한 것은 맞죠. 글을 읽으면 측은한 느낌이 들어요. 하지만 글 내용과는 무관합니다. "공룡들이 불쌍하다"는 글 내용이 아니라 읽은 사람의 감상이므로, 글 제목으로 어울리지 않아요.

②도 제목으로 부적합합니다. 소행성 충돌은 자연현상입니다. 공룡의 멸종은 인간이 불러일으킨 환경문제와는 무관한 일입니다.

③은 완전히 틀린 제목은 아니지만 단점이 있어요. 구체적이지

않은 게 문제입니다. '이 글은 공룡 멸종 원인을 알려준다'라고 콕 집어서 알려주는 제목이어야 좋습니다.

④와 ⑤와 ⑥은 적절한 제목입니다. ④는 짧고 명료해서 좋아요. ⑤는 글의 내용을 잘 요약했어요. ⑥은 흥미를 끄는 재미있는 제목입니다. ⑤와 ⑥도 장점이 있는데, 저는 ④가 간결해서 좀 더 좋아요.

글의 핵심과 전혀 다른 내용만 아니라면 아이가 자유롭게 제목을 선택할 수 있게 해주세요.

4-2 ✎ 윗글의 제목을 직접 정한다면 어떤 것이 좋을까요?

도움말 '6,600만 년 전 무서운 일'은 어떨까요? "공룡"이 빠진 게 조금 아쉽죠. 그러면 '6,600만 년 전 공룡에게 일어난 대사건'이 괜찮겠네요. 또 '공룡은 왜 멸종했을까?'라는 식으로 질문형 제목을 쓰는 것도 좋겠습니다.

마음을 나누는 글쓰기 연습

1 ✏️ 아래 주제에 대해 생각해보고 짧은 글을 써보세요. 정답은 없으니, 내가 언제 이러한 감정을 느끼는지 생각해보고 표현해보세요.

부모님이 나를 사랑한다고 느낄 때:

내가 감사하는 두 가지:

내가 가장 싫어하는 두 가지:

도움말 마음 깊은 곳의 진심을 표현하도록 하는 제목들입니다. 아이가 부담을 느끼면 하나만 골라서 써도 괜찮다고 해주세요.

아이는 부모의 사랑을 언제 느끼는지 되새겨보고 글로 표현하는 과정에서 행복을 크게 느낍니다. 고마운 사람과 고마운 일을 생각하고 말하도록 이끌어주면 아이는 더 행복해질 겁니다. 또 싫어하는 걸 술술 말하는 아이도 정신적으로 건강합니다. 싫은 건 싫다고 당당히 표현하도록 응원하는 게 좋겠습니다.

2

'왜냐하면'을 꼭 써야 할까?

함께하는 퀴즈 토론

1 🖊 아래 대화를 읽어보세요. 채우의 말은 왜 어색한가요?

> 채우: 내 생각인데, 스마트폰 게임을 많이 하면 수학 성적이 올
> 라가.
>
> 영서: 왜?
>
> 채우: 왜냐하면…. 그게…. 사실 이유를 잘 모르겠어. 아무튼 게
> 임을 많이 하면 수학을 잘해.
>
> 영서: 왜 그렇게 생각하는 건데?

> **채우:** 몰라. 그냥 그런 생각이 들었어.

도움말 채우의 말이 어설프게 느껴지는 건 이유(근거)를 밝히지 않았기 때문입니다. 감정의 이유는 꼭 밝힐 필요가 없지만 주장은 이유가 꼭 필요합니다. 스마트폰 게임을 하면 수학 성적이 오른다는 말은 주장이니까 이유도 필수죠. 이유도 없이 펼친 주장은 싱겁게 느껴집니다.

2 🖊 아래 두 글을 읽고 비교해보세요.

> ① 나는 우리 강아지가 <u>싫다</u>. 이유는 모르겠다.
> ② 나는 우리 강아지가 <u>싫다</u>. 왜냐하면 나를 보고 짖기 때문이다.

2-1 🖊 문맥상 '싫다'가 감정인가요? 아니면 의견인가요?

도움말 '싫다'는 감정입니다. '좋다' '기쁘다' '슬프다' '무섭다' 등이 '싫다'와 같이 감정을 표현하는 어휘입니다. 의견은 '동의한다' '반대한다' 등으로 나타납니다.

2-2 🖊 두 글을 읽고 어느 쪽이 어색한지, 왜 그렇게 느끼는지 말해보세요.

도움말 사람은 글을 통해 의견과 감정을 표현합니다. 의견일 때는 이유가 꼭 필요하죠. 하지만 감정을 말할 때는 이유가 있어도 되고 없어도 됩니다. '싫다'는 의견이 아니라 감정입니다. 그러면 이유가 없어도 괜찮습니다. ①은 이유가 없고 ②에는 이유가 밝혀져 있어요. 어느 쪽이나 무방합니다.

3 ✐ 아래 두 글에서 어색하게 느껴지는 글은 몇 번인가요? 왜 그렇게 느껴질까요?

> ① 어린이는 책을 많이 읽어야 해. 이유는 모르겠어.
> ② 어린이는 책을 많이 읽어야 해. 왜냐하면 독서가 머리를 좋게 만들기 때문이지.

도움말 감정이 아니라 의견(주장)을 표현한 글입니다. 그렇다면 이유가 필요합니다. ①에는 이유가 없네요. 어색합니다. 이유가 또렷이 나와 있는 ②가 자연스럽습니다.

4 ✐ 아래 두 글에서 어색하게 느껴지는 글은 몇 번인가요? 왜 그렇게 느껴질까요?

> ① 엄마는 아이의 의견을 존중해야 한다. 그렇지 않으면 하늘이 화를 낸다.
> ② 엄마는 아이의 의견을 존중해야 한다. 친구 소율이가 그래야 한다고 말했기 때문이다.

도움말 의견(주장)을 밝히고 있어요. 그렇다면 이유가 필요하겠죠. ①에는 이유가 있습니다. ②에도 이유가 제시되어 있고요. 그럼에도 둘 다 어색합니다. 이유의 신뢰성이 약하기 때문입니다. 즉, 믿을 만한 이유가 아니기 때문에 의견이 힘을 잃습니다. 아래처럼 고치는 편이 좋겠습니다.

> 엄마는 아이의 의견을 존중해야 한다. 왜냐하면 사람은 모두 평등하기 때문이다.

이외에도 '서로 존중해야 행복하기 때문이다'처럼 신뢰성이 확보된 이유를 다양하게 들 수 있습니다.

3

문단을
어떻게 써야 할까?

함께하는 퀴즈 토론

1 아랫글에서 중심 문장은 어느 것인가요? 또 삭제하면 좋을 문장은 어느 것인가요?

①마운틴고릴라는 1천 마리 남짓밖에 남아 있지 않다. ②호랑이는 1백 년 전에는 10만 마리 이상이 있었는데 지금은 야생에 4천 마리 정도만 남아 있다고 한다. ③이외에도 오랑우탄, 흰코뿔소, 이라와디돌고래 등이 멸종 위기에 있다. ④지구상의 식물도 약 40퍼센트가 곧 멸종할 수 있다고 한다. ⑤세상의 많은 동

> 물이 사라질 위기에 놓여 있다.

도움말 ⑤가 중심 문장입니다. 많은 동물이 멸종 위기에 있다는, 글의 핵심을 표현하고 있습니다. ①과 ②와 ③은 뒷받침하는 문장입니다. 중심 문장을 자세히 설명하고 있죠. 그런데 ④가 어색합니다. 동물이 아니라 식물에 대한 이야기이기 때문입니다. 이야기 흐름에서 벗어나는 문장이니까 ④를 삭제하는 편이 낫습니다.

이런 글에서 ⑤가 중심 문장인 것은 어떻게 알 수 있는지 묻는 어린이가 많습니다. 저는 '문장 버리기'를 해보라고 답합니다. 즉 문장 다섯 개 중에서 다 버리고 한 문장만 남겨야 한다면, 몇 번 문장이 남게 될까요? 버릴 수 없는 것이 중심 문장입니다.

2 🖊 아랫글을 읽어보고 중심 문장과 어색한 문장을 각각 찾아보세요.

> ①모든 어린이는 소중한 존재다. ②어린이의 성적이 나빠도 무시해서는 안 된다. ③말썽을 좀 피웠다고 어린이를 미워해서도 안 된다. ④그런데 선생님 말씀을 안 듣는 어린이는 미워해도 된다. ⑤어린이가 작은 실수를 해도 이해해줘야 한다.

중심 문장: _____

어색한 문장: _____

①은 모든 어린이가 소중한 존재라고 주장합니다. ②는 어린이의 성적이 나빠도 무시하지 말아야 한다고 표현하고 ③은 어린이가 말썽을 부렸을 지라도 미워하지 말아야 한다고 표현하며 ⑤는 어린이가 작은 실수를 저질러도 이해해야 한다는 의미입니다. 그런데 ④는 선생님 말씀을 안 듣는 것처럼 특정 상황에서는 어린이를 미워해도 된다고 했으니, 전체 분위기와 맞지 않고 다른 문장들과 의미가 충돌합니다. ④를 삭제해야 전체 문단의 짜임이 좋아집니다.

그리고 ①, ②, ③, ⑤ 중에서 중심 문장은 ①입니다. 왜 그럴까요? ②, ③, ⑤는 ①을 자세히 설명해주고 있습니다. ①은 모든 어린이가 소중하다고 주장했고 ②, ③, ⑤는 각각 어린이를 소중하게 대하는 방법을 예를 들어가면서 설명했습니다. 당당히 중심에 있는 ①이 중심 문장이라고 불릴 자격이 있습니다.

마음을 나누는 글쓰기 연습

1 ✏️ '엄마는 고마운 분이다'로 시작하는 글을 써보세요. 왜 고마운지 설명하는 문장을 세 가지 이상 써보면 좋겠습니다.

도움말 '엄마는 고마운 분이다'가 중심 문장입니다. 다음 문장들은 뒷받침 문장으로서 엄마가 왜 고마운지 설명해야 합니다. 문단은 중심 문장과 뒷받침 문장들로 구성된다는 걸 아이가 잊지 않도록 잘 알려주세요.

2 ✏️ '나는 가끔 부모님에 기쁨을 선물한다'로 시작하는 글을 써보세요. 내가 어떻게 할 때 부모님이 기뻐시나요? 적어도 세 가지를 꼽아보세요.

도움말 '나는 가끔 부모님에게 기쁨을 선물한다'가 중심 문장입니다. 뒷받침하는 문장 세 가지를 써보도록 지도해주세요. 그리고 어떤 때 아이 덕분에 행복한지 솔직하게 말해주는 것도 잊지 마시고요. 자녀가 자긍심을 갖는 데 큰 도움이 될 것입니다.

4

흐름이 뒤죽박죽인 글을
어떻게 고칠까?

함께하는 퀴즈 토론

1   아래 두 글 중에서 이해가 잘 가지 않는 글은 어느 것인가요? 왜 그렇게 느끼는지 이유도 말해보세요.

① 한 서커스단에서 귀가 너무 큰 코끼리 한 마리가 태어났다. 다른 동물들은 귀가 커다란 코끼리를 매일 놀렸다. 그런데 어느 날 놀라운 사실이 밝혀졌다. 그 코끼리가 귀를 펄럭이면 하늘을 날 수 있었던 것이다. 비행하는 코끼리를 본 다른 동물들은 그를 부러워했다.

②한 서커스단에서 귀가 너무 큰 코끼리 한 마리가 태어났다. 아기 코끼리는 눈도 컸다. 어느 날 코끼리는 귀를 펄럭이면 하늘을 날 수 있다는 걸 알게 되었다. 아기 코끼리가 눈을 크게 뜨고 뛰어다니는 동안 다른 동물들이 부러워했다.

도움말 ②의 글이 어색하고 이해하기도 쉽지 않습니다. 문장의 연결이 자연스럽지 않아서 그렇습니다. "귀" 이야기를 꺼냈으면 계속 그 이야기를 해야 글의 흐름이 매끄럽습니다. 그런데 '귀 → 눈 → 귀 → 눈' 순서로 문장마다 초점이 바뀝니다. 문장 연결이 부자연스럽습니다.

한편 ①은 코끼리의 커다란 귀에 대한 이야기를 중심으로 문장을 이어가고 있습니다. 달리 말해서 연결 낱말 "귀"를 한결같이 활용하고 있습니다. 그 덕에 읽는 데 자연스럽고 편합니다.

2 아래 두 글 중 문장 연결이 어색한 것은 몇 번인가요?

①아빠가 문자를 보냈다. 문자 내용은 "생일 축하해. 사랑한다"였다. 곧 할머니의 문자도 도착했다.

②아빠가 문자를 보냈다. 아빠가 해준 오늘 아침밥은 맛있었다. 밥과 계란 프라이에 버터와 간장을 넣고 비볐을 뿐인데 맛이 최고였다.

도움말 ①은 연결이 좋아요. 첫 번째 문장과 두 번째 문장을 보세요. 똑같이 "문자"가 있어요. 이 "문자"가 연결 낱말 역할을 하게 됩니다. ②는 문장 연결이 좋지 않아요. "문자"에서 "아침밥"으로 갑자기 전환했기 때문이죠. 완전히 다른 소재를 이야기하는 바람에 첫 번째 문장과 두 번째 문장이 전혀 이어지지 않습니다.

3 ✎ 아래 Ⓐ 문장에 뒤이어 나오기에 어색하고 부자연스러운 문장은 무엇인지, ①~③ 문장 중에 골라보세요.

Ⓐ 코로나19 탓에 친구들을 만날 수 없었다.

① 지루한 날이 많았다.
② 모두 감염 걱정을 했다.
③ 자주 외식을 해야 했다.

도움말 연결해서 읽어보세요. ①은 연결이 괜찮아요. 친구들을 못 만나면 지루한 게 당연하니까요. ②도 괜찮습니다. "코로나19"라는 단어를 들으면 '감염'이 연상되기 때문이죠. ③은 어색해요. "코로나19"에서 '외식'을 전혀 연상할 수 없기 때문입니다.

4 ✎ 아랫글에서 연결이 어색한 문장을 찾아보세요.

오늘은 내 생일이다. 온 가족이 다 모였다. 할머니는 용돈을 주셨다. 할아버지는 내 어깨를 두드려주셨고 엄마는 환하게 웃었다.

친구 채우는 생일 카드를 줬다.

글을 읽다보면 "갑자기 친구 채우가 왜 나와?"라고 묻게 되죠. '가족→ 할머니→ 할아버지→ 엄마'까지는 어색한 내용 없이 좋아요. 비슷한 낱말이니까요. 그런데 친구는 가족이 아니어서 갑자기 튀어나오면 어색해요. 이런 부분은 생략하는 게 좋아요. 생략하기 싫다면 방법이 있습니다. '친구들도 축하해주었다'라는 문장을 쓴 뒤에 친구들을 등장시키면 됩니다. 예를 들어 아래와 같이 쓸 수 있어요.

> 오늘은 내 생일이다. 온 가족이 다 모였다. 할머니는 용돈을 주셨다. 할아버지는 내 어깨를 두드려주셨고 엄마는 환하게 웃었다.
> 친구들도 축하해주었다. 채우는 생일 카드를 줬고 영서는 연필을 선물로 주었다.

마음을 나누는 글쓰기 연습

1 🖊 기쁨, 슬픔, 분노 등 오늘 어떤 감정을 느꼈는지, 그 감정을 느낀 이유는 무엇인지 차근차근 생각해보세요. 그중에 한 가지를 골라서 글로 표현해보세요. 그런 감정을 느낀 이유가 매끄럽게 표현되도록, 앞뒤 문장에 사람이나 소재가 자연스럽게 연결되는지 살피면서 글을 써보세요.

도움말 길게 쓸 필요도 없습니다. 열 문장이면 충분합니다. 아이가 싫어하는 눈치면 다섯 문장으로 줄여줘도 괜찮습니다. 사실은 다섯 문장을 매끄럽게 연결하는 일도 쉽지 않죠.
글을 쓴 뒤에는 아이가 한 문장 한 문장 소리를 내서 천천히 읽게 하세요. 연결이 자연스러운지 스스로 느낄 것입니다. 소리 내서 읽으면 글의 문제점을 직감할 수 있다는 게 많은 문필가의 증언입니다.

2 🖊 《흥부와 놀부》《피터 팬》《백설공주》 등 어떤 이야기도 좋아요. 마음에 드는 책을 하나 선택해서 열 문장으로 줄거리를 요약해보세요.

도움말 이미 잘 알고 있는 이야기를 요약하는 연습입니다. 영화 줄거리나 드라마 줄거리 또는 TV 예능 프로그램의 에피소드를 요약해도 괜찮습니다. 다만 열 개의 문장을 자연스럽게 잇는 연습을 하도록 지도해주세요.

5

문단을 매끄럽게
이으려면?

함께하는 퀴즈 토론

1 ✏️ '이어주는 말'은 문장도 연결합니다. 두 개의 문장을 자연스럽게 이어주는 것은 몇 번인가요? 여러 개를 골라도 좋으니, 왜 그런지 이유를 함께 말해보세요.

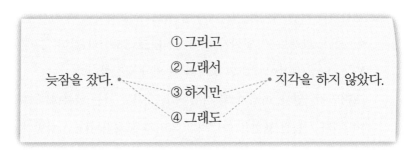

늦잠을 잤다. • ① 그리고
② 그래서
③ 하지만 • 지각을 하지 않았다.
④ 그래도

①, ②보다는 ③, ④가 더 자연스럽습니다. '늦잠을 잤다. 하지만/
그래도 지각하지 않았다'가 일반적인 표현이죠. 그렇다고 ①, ②
가 틀린 표현은 아닙니다. 가령 평소에는 매일 지각하다가, 어느
날 늦게 일어나는 바람에 택시를 탔는데 오히려 더 일찍 도착하
는 경우도 있겠죠. 이런 경우에는 '늦잠을 잤다. 그래서 지각하
지 않았다'라는 표현이 가능할 수 있습니다.

엄마, 아빠가 날 사랑한다. •   ① 그리고
                            ② 그래서   • 나는 행복하다.
                            ③ 하지만
                            ④ 그래도

②를 고를 때 의미가 가장 자연스러워요. '엄마, 아빠가 날 사랑
한다. 그래서 나는 행복하다'가 됩니다. ③과 ④는 어색한데, 좀
더 어려운 ④에 대해서 설명하겠습니다. ④는 '엄마, 아빠가 날
사랑한다. 그래도 나는 행복하다'라는 표현으로 의미가 부자연
스럽습니다. 이 표현에선 "그래도" 앞에 부정적인 상황이 있어
야 자연스럽습니다. '엄마, 아빠가 나를 싫어한다. 그래도 나는
행복하다'처럼 말이죠. 또 '내가 좀 아프다. 그래도~' '우리가 돈
이 없다. 그래도~' '날씨가 좋지 않다. 그래도~'와 같이 "그래
도"는 앞뒤 문장이 상반된 상황일 때 써야 적절합니다.

그러면 ① '엄마, 아빠가 날 사랑한다. 그리고 나는 행복하다'는
어떨까요? 틀린 표현은 아니지만 의미가 모호합니다. 사랑받아

서 행복한 것인지, 다른 이유로 행복한 것인지 불분명해요. 달리 말해서 인과관계가 드러나지 않습니다. '배가 고팠다. 그리고 밥을 먹었다'와 '배가 고팠다. 그래서 밥을 먹었다'를 비교해보세요. 전자도 틀리지 않았지만 후자가 인과관계를 드러내기 때문에 의미가 더 선명합니다.

많은 경우 '그리고'는 병렬 상황을 표현할 때, '그래서'는 인과관계를 나타낼 때 씁니다.

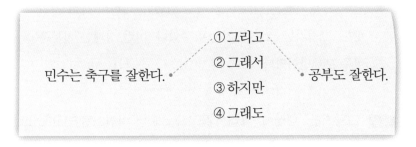

도움말 ①이 가장 나아요. '민수는 축구를 잘한다. 그리고 공부도 잘한다'가 가장 자연스럽습니다. ②를 선택하면 만들어지는 문장 '민수는 축구를 잘한다. 그래서 공부도 잘한다'는 조금 이상하죠. 공부 실력이 축구 실력의 원인인 것처럼 가정되어 있기 때문입니다. ③을 선택하면 만들어지는 문장 '민수는 축구를 잘한다. 하지만 공부도 잘한다'에는 축구를 잘하면 공부를 못한다는, 납득하기 어려운 전제가 깔려 있습니다. ④를 선택하면 만들어지는 문장 '민수는 축구를 잘한다. 그래도 공부도 잘한다'도 일반적으로 어색합니다. 물론 특별한 경우라면 그런 문장 구성도 가능합니다. 가령 '민수는 축구를 잘한다. 매일 열 시간씩 연습을 했기 때문에 잘하는 것이다. 그래도 공부도 잘한다'는 말이 됩니다.

2 🖉 아래 세 편의 글에서 밑줄 친 표현이 문단을 자연스럽게 연결하는지 판단해 보세요. 밑줄 친 표현을 바꿔야 한다고 판단한다면 어떻게 바꾸어야 할지, 왜 그런지 이유도 함께 말해보세요.

> ①피터 팬이 하늘을 날고 있었다. 그가 좋아하는 웬디가 함께 날았다. 팅커벨은 웬디 손을 잡고 있었다. 바람이 아주 시원했다. <u>그렇지만</u> 그들은 기분이 좋았다. 이런 상쾌한 기분은 아주 오랜만이었다.

도움말 "그렇지만" 대신에 '그래서'를 쓰는 게 더 자연스럽습니다. '그래서'는 인과관계를 나타냅니다. 하늘을 함께 날았고(원인) 그것 때문에 기분이 좋았다(결과)는 뜻이 되는 것이죠.

'그렇지만'은 앞선 내용을 뒤집는 식의 역전 관계를 나타낼 때 많이 씁니다.

'바람이 아주 시원했다. 그렇지만 그들은 기분이 좋았다'는 '바람이 시원했음에도 기분이 좋았다'라는 뜻인데 이해하기 어려워요. 제대로 된 문장을 쓰려면 '바람이 아주 뜨거웠다. 그렇지만 그들은 기분이 좋았다'라는 식으로 표현해야 합니다.

②피터 팬이 하늘을 날고 있었다. 그가 좋아하는 웬디가 함께 날았다. 팅커벨은 웬디 손을 잡고 있었다. 바람이 아주 시원했다. <u>그래서</u> 누군가 빠른 속도로 그들을 쫓아왔다. 피터 팬이 놀라서 돌아보니 날개를 단 후크 선장이었다.

도움말 "그래서"는 부적합합니다. "바람이 아주 시원했다. 그래서 누군가 빠른 속도로 그들을 쫓아왔다"라는 문장에서 시원함이 쫓아온 이유라는 뜻인데, 쉽게 이해가 되지 않지요. "그래서"보다는 '그런데'가 어울립니다. 갑자기 이야기 내용을 바꿀 때, 즉 다른 이야기로 화제를 전환할 때는 '그런데'가 적합합니다.

③피터 팬이 하늘을 날고 있었다. 그가 좋아하는 웬디가 함께 날았다. 팅커벨은 웬디 손을 잡고 있었다. 바람이 아주 시원했다. <u>그리고</u> 피터 팬의 마음은 가볍지 않았다. 후크 선장이 아직 건재하기 때문이었다.

도움말 "그리고"라고 해도 크게 어색하지 않지만 '그렇지만'을 대신 쓰면 어떨까요? '바람이 아주 시원했다. 그렇지만 피터 팬의 마음은 가볍지 않았다'라고 하는 겁니다. 이 경우 대비가 분명해지는 장점이 있습니다. 시원한 바람과 무거운 마음의 대비가 뚜렷해지는 것이죠.
'그렇지만' 대신에 '그런데'를 써도 틀리지 않습니다. '바람이 아주 시원했다. 그런데 피터 팬의 마음은 가볍지 않았다.'

3 ✏️ 아래 보기의 ①~③번 표현 뒤에 문맥상 자연스럽게 이어질 표현을 ⓐ~ⓒ
에서 찾아 선을 그어보세요.

①비가 오고 강풍도 불었어. 즉 •　　　　• ⓐ먼 하늘은 화창했어.

②비가 오고 강풍도 불었어. 반면 •　　　• ⓑ기온도 내려갔어.

③비가 오고 강풍도 불었어. 더구나 •　　• ⓒ큰 위기를 맞았어.

도움말 ①-ⓒ, ②-ⓐ, ③-ⓑ로 연결하면 각 표현의 의미 연결이 자연스
럽습니다. 문장의 여러 조합들을 놓고 비교해보면, 좀 더 나은
표현을 찾을 수 있습니다. '비가 오고 강풍도 불었어. 즉 기온도
내려갔어' '비가 오고 강풍도 불었다. 반면 기온도 내려갔어' '비
가 오고 강풍이 불었어. 더구나 기온도 내려갔어'를 비교해보세
요. 어느 것이 가장 나은가요? 복잡하게 이유를 설명하는 게 더
어려울 수 있습니다. '이어주는 말'로 연결된 문장을 읽게 하고
옳은 문장을 감각적으로 찾는 연습도 좋은 방법입니다.

4 ✏️ 아래 문장에서 '이어주는 말'을 밑줄로 표시하였습니다. 이 중에서 문맥상
어색한 표현을 찾아보세요. 그리고 어떤 표현을 쓰는 것이 더 적절할지 이야
기해보세요.

나는 단점이 많아. 노래를 못하고 수학을 어려워해. 또 게을러
서 일요일에는 소파에 누워만 있어.
<u>그래서</u> 나는 나를 사랑해. 내 생각에는 누구나 자신을 사랑해야 해.

그러니까 단점이 있든 없든 사람은 다 소중하기 때문이야.

도움말 '나는 단점이 많아. 그래서 나는 나를 사랑해'는 어떤가요? 또 '나는 단점이 많아. 그래도 나는 나를 사랑해'는 어떤가요? 비교해보면 후자가 자연스럽습니다. 그런데 전자도 꼭 틀린 것은 아닙니다. 가령 '나는 완벽한 게 싫어. 다행히 나는 단점이 많아. 그래서 나는 나를 사랑해'라는 표현일 수 있죠.

마지막 문장 "그러니까 단점이 있든 없든 사람은 다 소중하기 때문이야"는 상당히 어색합니다. "그러니까"가 '때문이야'와 호응하지 않기 때문입니다. "그러니까" 대신에 '왜냐하면'을 쓰는 게 적절합니다. '왜냐하면 단점이 있든 없든 사람은 다 소중하기 때문이야'라는, 문맥상 연결이 자연스러워집니다.

1 지금까지 사는 동안 가장 후회하는 일은 무엇인가요? 꼭 하고 싶었던 일을 안 하면 후회하게 됩니다. 때로는 어떤 일을 했기 때문에 가슴에 후회가 남기도 하죠. 지금 생각해도 후회되는 일을 두 가지 골라 글로 정리해보세요.

도움말 아이가 어떤 후회를 하는지 스스로 아는 것이 중요합니다. 후회에는 아이의 바람이나 욕심이 드러납니다. 때로는 치유되지 않은 상처를 후회로 느끼기도 합니다. 아이가 무엇을 후회하는지 말한다면 부모가 아이 마음속으로 들어갈 좋은 찬스입니다.

2 토끼와 거북의 경주 이야기를 알지요? 토끼가 낮잠을 자다가 경주에서 졌어요. 토끼는 능력은 뛰어난데 자만하는 스타일입니다. 반면 거북은 느리지만 꾸준한 타입이고요. 나는 토끼에 가깝나요? 아니면 거북을 닮았나요? 아니면 중간인가요? 자신의 성격과 동물의 성격을 비교하면서 글을 써보세요.

도움말 자기 성격을 파악하는 게 쉽지 않습니다. 이럴 때는 우화 속 캐릭터와 자신을 비교하면 좋습니다. 비교 대상이 토끼와 거북이 아니어도 상관없습니다. 아기 돼지 삼 형제, 흥부와 놀부 그리고 펭수 등 비교할 대상은 많습니다. 아이가 자기 성격을 파악하고

이해하도록 부모가 함께하며 도와주면 아이의 자기 이해도가
높아집니다.

6

첫 문장 쓰기가
어렵다면?

함께하는 퀴즈 토론

1 아랫글의 의미가 어색하게 느껴지는 이유는 무엇일까요?

전화위복이라는 사자성어가 있다. 내가 오늘 전화위복을 겪었다. 아침에 늦게 일어나 지각을 해서 지적을 받았는데, 오후에는 수업 시간에 졸다가 선생님께 야단을 맞았다. 맞은 데 또 맞았고, 엎친 데 덮친 격이다. 나의 오늘 하루는 완전히 전화위복이었다.

도움말 사자성어로 글을 시작했습니다. 그런데 '전화위복轉禍爲福'의 뜻을 잘 모르고 사용한 것이 문제입니다. 전화위복은 나쁜 일이 좋은 일로 변한다는 뜻이죠. 발목을 삐어서 축구 대회에 못 나갔는데 그날 축구장에 사고가 발생해 큰 인명 피해가 났다고 가정해볼게요. 이런 경우 발목을 다친 일이 사고를 피하게 하는, 좋은 일로 변합니다. 이런 상황을 두고 전화위복이라고 합니다.

윗글에서는 '설상가상雪上加霜'이 어울립니다. 설상가상은 눈 위에 서리가 또 내린다는 뜻으로, 나쁜 일이 있었는데 나쁜 일이 또 일어났다는 의미입니다.

2 ✎ 아랫글의 의미가 어색하게 느껴지는 이유는 무엇인가요?

> 동생의 행동이 너무 이기적이다. 오늘 엄마가 약속이 있어서 저녁밥을 동생과 둘이 먹었다. 엄마는 외출할 때면 카레를 자주 만들어놓는다. 우리는 카레를 먹으면서 엄마를 그리워했다.

도움말 "동생의 행동이 너무 이기적이다"라는 문장으로 글을 시작했습니다. 뒤이어 어떤 행동 때문에 상처받았는지 설명해야 하는데, 관련해서는 아무런 표현이 없습니다. '약속을 어긴, 어색한 글'이 되어버렸습니다.

동생의 이기적인 행동에 대한 글을 쓸지, 카레에 대한 글을 쓸지 우선 정해야 하겠죠. 첫 문장을 살려, 동생의 이기적인 행동에 대한 글을 쓰기로 정한다면 아래처럼 글을 수정할 수 있습니다. 정답이 아닌, 하나의 예시로 살펴봐주세요.

동생의 행동이 너무 이기적이다. 오늘 엄마가 약속이 있어서 저녁밥을 동생과 둘이 먹었다. 엄마는 외출할 때면 카레를 자주 만들어놓는다. 그런데 동생은 내가 밥을 준비하는 동안 게임만 했다. 또 밥을 먹고는 빈그릇을 싱크대에 가져다놓지도 않았다. 나 혼자 일을 다 해야 했다. 아무 일도 하지 않는 동생이 얄미웠다.

3 ✎ 다음은 글의 첫 문장입니다. 비슷하지만 다른 두 문장을 서로 비교하고 어느 것이 흥미로운 첫 문장인지 말해보세요. 그리고 흥미롭게 느낀 이유는 무엇인지도 이야기해보세요.

① 오늘 영화를 봤다.
② 오늘 평생 잊을 수 없는 영화를 봤다.

도움말 ②가 훨씬 눈길을 끕니다. 독자는 어떤 영화기에 평생 잊을 수 없다는 걸지 궁금해집니다. 이렇게 자기 감정을 선명하게 표현하면 좋은 첫 문장이 됩니다.

① 오늘 공포 영화를 보았다.
② 오늘 공포 영화를 봤는데 무섭지 않고 웃겼다.

도움말 ②가 호기심을 더 자극합니다. 공포 영화를 보고도 오히려 "웃겼다"고 하니 궁금해집니다. 자기 생각이 분명하니까 읽는 사람의 시선을 끌 수 있습니다.

마음을 나누는 글쓰기 연습

1 ✏ 질문으로 시작하는 짧은 글을 써보세요. 예를 들어서 '왜 사람은 밥을 먹어야 할까?' '왜 사람들은 싸울까?' '왜 아이들은 친구를 놀릴까?' 등으로 시작하면 됩니다.

도움말 좋은 질문이 좋은 첫 문장이 됩니다. 질문은 아이가 자유롭게 선택하면 됩니다. 장난스러운 질문도 좋아요. '왜 나는 이렇게 잘 생겼을까?' 혹은 '왜 나를 좋아하는 친구들이 많을까?'도 재미있을 겁니다. 또 '아빠는 왜 자주 화를 낼까?' 혹은 '엄마는 왜 매일 피곤할까?'도 글의 괜찮은 시작입니다.

2 ✏ '내 인생 최악의 일은 ~이다' 혹은 '내 인생 최고의 일은 ~이다'라는 문장으로 시작하는 글을 써보세요.

도움말 벌을 받았거나 큰 실수를 했던 일이 최악의 일일 수 있겠죠. 반면 즐거운 가족 여행을 최고의 일로 꼽을 수도 있습니다. 글을 다 쓰고 나면, 첫 문장이 아주 인상적이라고 말해주세요. 최고, 최악, 감동, 슬픔, 기쁨 등의 개념이 포함된 첫 문장은 읽는 사람에게 기대감을 불러일으킵니다.

◆해설◆

7

문장을 단순화하는
방법은 뭘까?

함께하는 퀴즈 토론

1 아랫글을 읽으면 머리가 복잡해집니다. 쉽게 이해할 수도 없고요. 무엇이 문
제인가요? 또 어떻게 고쳐야 할까요?

> 오늘 《인어공주》를 읽었는데 아주 감동적이고 슬펐고 부러웠
> 다. 인어공주는 왕자를 많이 사랑해서 생명을 구해줬고 자기는
> 떠나려고 했다. 감동적이었고 슬펐지만 왕자와 결혼해서 부러
> 웠다.

도움말 대단히 어지러운 글입니다. 문장 하나에 생각 하나를 표현해야 하는데, 윗글에서는 한 문장에 여러 가지 생각을 표현해서 쉽게 읽히지 않습니다.

"아주 감동적이고 슬펐고 부러웠다"라는 한 문장 안에 세 가지 감정을 표현했어요. 세 가지 감정을 세 가지 문장으로 나눠 써야 읽는 사람이 이해하기 쉽습니다. 먼저 감동한 이유를 쓰고 그다음 슬펐던 이유를 밝힌 뒤에 마지막으로 무엇이 부러웠는지 쓰면 됩니다. 셋으로 나눠서 차근차근 쓰면 문장이 간결해집니다. 아래처럼 고치면 됩니다. 이 역시 정답이라기보단, 하나의 예로 참고하세요.

> 오늘 읽은 《인어공주》는 감동적이었다. 인어공주가 왕자와 사랑하게 되어 아주 감동적이었다. 그런데 슬프기도 했다. 인어공주가 왕자를 위해 떠나려 할 때 눈물이 날 것 같았다. 그래도 마음 한구석에서는 부럽기도 했다. 둘의 사랑이 아주 아름다웠기 때문이다.

2 ✎ 아랫글을 보면 한 문장에 여러 내용이 담겨 있어서 이해하기가 쉽지 않습니다. 어떻게 고치면 좋을지 고민하고 작성해보세요.

> 할아버지가 김치를 먹으라고 했는데 나는 계란이 더 맛있어서 많이 먹었더니 할아버지가 화를 냈다. 할아버지는 김치를 많이

먹어야 건강하다고 하지만 내가 인터넷에서 본 뉴스에서는 짜게 먹으면 건강에 안 좋다고 하는데 할아버지는 그걸 몰라서 답답하다.

도움말 무척 복잡해서 이해하기 어려운 글입니다. 앞의 《인어공주》 감상글과 마찬가지로 문장 분리를 제대로 안 했기 때문입니다. 한 문장 속에 하나의 생각만 담도록 연습해야 합니다.

할아버지가 김치를 먹으라고 말씀하셨다. 하지만 나는 계란이 더 맛있어서 계란을 많이 먹었다. 그러자 할아버지가 화를 냈다. 할아버지는 김치를 많이 먹어야 건강하다고 말씀하셨다. 하지만 나는 짠 음식이 건강에 나쁘다는 뉴스를 인터넷에서 봤다. 할아버지는 그걸 모르신다. 마음이 답답하다.

1 ✎ 오늘 하루 있었던 일 세 가지만 써보세요. 긴 문장 말고 짧은 문장으로 써
보는 연습을 해보면 좋겠습니다.

도움말 아이가 세 가지 쓰는 것을 힘겨워한다면 한두 가지로 줄여줘도
좋습니다. 성의 있게 쓰기만 한다면 에피소드의 개수는 중요하
지 않아요. 다만 짧은 문장을 쓰는 연습을 하도록 유의해야 합니
다. 한 문장에 사건 하나 혹은 생각 하나만 담아내는 연습을 하
는 것이지요.
친구와 어떤 카톡 대화를 했는지, 점심밥 맛은 어땠는지, 오랜만
에 만난 선생님은 어떤 말씀을 했는지 등 사소한 일이라도 간결
하고 재미있게 쓰면 됩니다.

2 ✎ 감사한 것 세 가지를 골라서 써보세요. 꼭 부모님이나 선생님과의 일이 아니
어도 좋아요. 나에게 웃음을 주는 친구, 기쁨을 선물하는 TV 프로그램, 감동
적인 책, 재미있는 걸 알려주는 유튜브 채널도 나에게 감사한 존재입니다.
무엇이든 괜찮아요. 고맙고 감사한 사람이나 사물을 세 가지만 골라서 소개
해보세요. 이번에도 짧은 문장으로 표현하는 연습을 해보면서요.

감사하는 마음이 아이를 행복하게 만듭니다. 감사하는 마음도 교육이 필요합니다. 연습을 해야 감사하는 마음도 자랍니다. 글쓰기만큼 좋은 감사 훈련도 흔치 않습니다. 정 쓰기 싫다면 대화하며 표현해도 괜찮겠죠. 누가 감사하고 무엇이 다행인지 아이가 표현하도록 하면 됩니다. 이 과정에서 아이의 행복감이 커질 것입니다.

8

호응 관계가 틀린 문장을
어떻게 고쳐야 할까?

함께하는 퀴즈 토론

1 ✏️ 아랫글은 한국어가 익숙하지 않은 인어공주가 남긴 편지입니다. 밑줄 친 부분의 호응이 맞는지 판단하여 수정해보세요.

"나는 비록 인어여서 행복했어요. 왕자님과 함께 떡볶이와 콜라를 마시며 데이트했던 게 기억나요. 우리의 사랑을 영원히 잊지 않을 거예요. 하지만 이제 이별의 시간이 왔어요. 아빠가 빨리 돌아오시래요. 끝으로 부탁하고 싶은 것은 백 년이 지나도 나를 잊지 마세요. 나의 왕자님. 안녕."

도움말 편지에서 밑줄 친 네 곳은 모두 호응이 맞지 않습니다.

> • 나는 비록 인어여서 행복했어요. (×)
>   ⇨ 나는 비록 인어이지만 행복했어요. (○)

'비록 ~여서'는 부자연스러워요. '비록 ~이지만'이라고 해야 호응이 맞습니다.

> • 왕자님과 함께 떡볶이와 콜라를 마시며 (×)
>   ⇨ 왕자님과 함께 떡볶이를 먹고 콜라를 마시며 (○)

떡볶이는 음료가 아니어서 마실 수 없으니, '떡볶이를 먹고'로 바꿔야 합니다.

> • 아빠가 빨리 돌아오시래요. (×)
>   ⇨ 아빠가 빨리 돌아오라고 하셔요. (○)

"아빠가 빨리 돌아오시래요"는 '아빠가 나에게 빨리 돌아오시라고 말해요'라는 뜻입니다. 자신을 높이고 아빠는 낮춘, 틀린 높임 표현입니다.

> • 끝으로 부탁하고 싶은 것은 백 년이 지나도 나를 잊지 마세요. (×)
>   ⇨ 끝으로 부탁이 있어요. 백 년이 지나도 나를 잊지 마세요. (○)

⇨ 끝으로 부탁하고 싶은 것은 백 년이 지나도 나를 잊지 말라는 것입니다. (O)

"부탁하고 싶은 것은 ~잊지 마세요"의 호응이 맞지 않습니다. 예시한 두 가지 문장으로 고칠 수 있습니다.

2 🖊 인어공주의 편지를 겨우 읽어낸 왕자가 답장을 써서 바다로 보냈어요. 그런데 왕자의 글쓰기 실력도 좋지 않네요. 밑줄 친 부분을 어떻게 고쳐야 할까요?

> 바닷속에서 행복한가요? 우리가 함께 먹었던 김밥은 <u>맛과 영양가가 높았어요</u>. 놀이공원에서 공주님은 <u>별로</u> 아름다웠어요. 중요한 것은 우리가 진심으로 <u>사랑했어요</u>. 나는 당신을 <u>결코 기억할 거예요</u>. 공주님, 안녕.

도움말 밑줄 친 부분은 모두 호응이 맞지 않았어요. 아래와 같이 고치면 됩니다.

> 바닷속에서 행복한가요? 우리가 함께 먹었던 김밥은 <u>맛이 좋고 영양가가 높았어요</u>. 놀이공원에서 공주님은 <u>무척</u> 아름다웠어요. 중요한 것은 우리가 진심으로 <u>사랑했다는 사실이에요</u>. 나는 당신을 <u>결코 잊지 않을 거예요</u>. 공주님, 안녕.

3 ✎ 다음 네 문장의 호응이 알맞도록 고쳐 써보세요.

① 왕자는 공주에게 사랑했다.

② 그는 좀처럼 화를 낸다.

③ 나는 노래와 춤을 잘 춘다.

④ 내가 강조하고 싶은 것은 서로 깊이 사랑하라.

도움말 ①은 "공주에게"가 아니라 '공주를'이 되어야 합니다.

②는 '그는 좀처럼 화를 내지 않는다'고 해야 맞아요.

③은 목적어(노래를)와 서술어(잘 춘다)의 호응이 틀렸습니다.

'나는 노래를 잘 부르고 춤을 잘 춘다'가 맞습니다.

④는 주어(강조하고 싶은 것은)와 서술어(사랑하라)의 호응이 맞

지 않아요. '내가 강조하고 싶은 것은 서로 깊이 사랑하라는

것이다'가 좋겠죠. 또 '서로 깊이 사랑하라고 나는 강조하고

싶다'도 괜찮아요.

4 ✎ 선 잇기 문제입니다. 의미가 어색하지 않게끔 자연스럽게 연결되는 표현을
선으로 이어보세요.

나는 그다지 •⟶ • 똑똑하다.

• 똑똑하지 않다.

나는 결코 • ⋯⋯⋯⋯⋯⋯⋯⋯⋯⋯⋯⋯ • 피자를 먹을 거야.
• 피자를 먹지 않을 거야.

나는 당신을 전혀 • ⋯⋯⋯⋯⋯⋯⋯⋯ • 사랑해요.
• 사랑하지 않아요.

왕자는 좀처럼 • ⋯⋯⋯⋯⋯⋯⋯⋯⋯ • 웃었다.
• 웃지 않았다.

공주는 여간 • ⋯⋯⋯⋯⋯⋯⋯⋯⋯⋯ • 배가 고팠다.
• 배가 고프지 않았다.

도움말 그다지, 결코, 전혀, 좀처럼, 여간 등의 부사는 부정 서술어(~아니다, ~안 했다)와 호응합니다. 반대로 그 부사들을 긍정 서술어(~해요)와 함께 쓰면 문장의 의미가 어색해집니다. '당신을 전혀 사랑해요'라고 쓰면 의미가 부자연스러운 표현인 것이죠. 이런 원리를 모르는 어린이가 종종 있는데, 여러 번 반복해서 알려주면 어렵지 않게 익힐 수 있습니다.

마음을 나누는 글쓰기 연습

1 ✏️ 엄마나 아빠의 장점 다섯 가지를 글로 써보세요. 직장 생활을 열심히 하는 모습, 따뜻한 말투, 부드러운 눈빛 등 엄마, 아빠의 장점이 아주 많을 거예요. 원한다면 열 가지 장점을 적어도 좋아요.

도움말 아이는 자기 장점뿐 아니라 부모의 장점도 알아야 합니다. 부모가 얼마나 좋은 사람이고 또 어떤 매력이 있는지 잘 아는 어린이가 더 행복합니다. 엄마, 아빠도 부끄러워 말고 자신의 장점을 아이에게 당당하게 알려주세요. "엄마가 요리를 잘하잖아" "아빠가 가끔 야단을 치지만 그래도 다정할 때가 훨씬 많아"라고 말해주면 됩니다.

2 ✏️ 엄마나 아빠의 단점 다섯 가지를 글로 써보세요. 야단을 자주 치나요? 약속을 안 지키나요? 마음껏 써보세요. 엄마, 아빠가 단점을 당장 고치지는 못해도 조금씩 천천히 달라질 거예요. 발전을 위해서는 누구에게나 시간이 필요하답니다.

도움말 단점 노출을 두려워하지 않으셔도 됩니다. 자기 단점을 솔직하게 인정하는 부모를 보면서 아이는 은근히 감동을 받을 겁니다. 그런데 아이가 부모의 외모를 단점으로 꼽으면 잘못이라고 알려 줘야 합니다. 어른이나 아이나 다른 사람의 외모를 평가해서는 안 되니까요.

3

- - - - - - - - - - - - - -

마음을 움직이는
글쓰기 기법

1

은유법과 직유법,
생생한 이미지를 남긴다

함께하는 퀴즈 토론

1 《피노키오》를 읽고 쓴 감상문 두 편을 읽고 각기 어떻게 표현했는지 비교해
  보세요. 어느 쪽이 더 생생하고 재미있나요? 그 이유는 무엇일까요?

①제페토 할아버지는 피노키오를 무척 사랑했다. 그 마음을 모
  르는 피노키오는 말썽만 부렸다. 그래도 할아버지는 피노키
  오를 포기하지 않았다. 피노키오가 아주 소중했기 때문이다.
②제페토 할아버지는 피노키오를 무척 사랑했다. 그 마음을 모
  르는 피노키오는 철없는 망아지 같았다. 이리 뛰고 저리 뛰

면서 말썽만 부렸다. 그래도 할아버지는 피노키오를 포기하지 않았다. 피노키오가 자신의 심장이었기 때문이다.

도움말 ①보다는 ②가 더욱 생생한 느낌입니다. 그 차이는 비유법 활용 여부에서 비롯됩니다. ①은 비유가 없어요. 반면 ②에는 "망아지와 같았다"(직유)와 "심장이다"(은유)로 비유가 두 번 나옵니다. 어린 망아지는 제멋대로 행동하게 마련입니다. 사람 통제도 따르지 않고 말썽만 피우죠. 망아지에 비유하니까 피노키오가 사고뭉치라는 게 더 또렷해졌습니다. 그리고 심장이 없으면 사람은 잠시도 살 수 없습니다. 심장에 비유한 피노키오가 제페토 할아버지에게 얼마나 소중한지 선명하게 전달됩니다.

2 🖊 다음 문장은 어떤 의미일지, 비유로 쓰인 표현의 특징을 생각하며 이야기해 보세요.

• 초등학생의 인생은 롤러코스터다.

도움말 초등학생으로 살면서 정신없이 많은 일을 겪는다는 의미입니다. 오르락내리락 빠르게 질주하는 롤러코스터를 타면 정신을 차릴 수 없잖아요.

• 시험을 다 끝내자 내 마음은 깃털처럼 가벼워졌다.

도움말 무게가 거의 느껴지지 않는 깃털처럼 마음이 가벼워졌다는 의미로, 시험을 마친 뒤 홀가분함을 표현하였습니다.

• 아빠는 사자 같다.

도움말 사람을 호랑이나 사자에 비유하면 보통 용맹하다는 의미입니다. 다만, 이런 표현이 일반적이기는 하나 머리가 굳은 어른의 편견일지도 모릅니다. 원숭이나 도롱뇽이 용감하다고 생각하는 어린이도 얼마든지 있을 테고 또 그런 생각이 틀린 건 아닙니다. 가령 "아빠가 원숭이처럼 용감하다"고 표현하고 그 이유를 설명하는 어린이는 창의적입니다. 찬사를 들을 자격이 충분합니다.

• 그 아이의 목소리는 은 쟁반에 옥구슬 굴러가는 소리 같다.

도움말 요즘 어린이들은 많이 안 쓰는 비유법이지만 알아두면 좋을 거예요. "은 쟁반에 옥구슬 굴러가는 소리"는 듣기에 좋고 아름답다는 뜻입니다.

• 내 마음은 호수다.

도움말 보통 '내 마음은 고요하다'라는 뜻입니다. 호수는 잔잔하니까요. 한편 강물은 때로는 급히 흘러갑니다. 바닷물도 파도가 되어 바위를 때리느라고 분주하죠. 반면 호수의 물은 움직임이 없습니다.

고요하고 평화롭습니다. 마음을 호수에 비유한다면 호수의 고요한 이미지를 차용했다고 볼 수 있습니다.

다만, 같은 표현이더라도 맥락에 따라 속뜻이 달라질 수는 있습니다. '너의 마음은 연못이고 내 마음은 호수다'라는 표현에서는 "호수"가 '넓다'는 의미입니다.

마음을 나누는 글쓰기 연습

1 엄마와 아빠를 어떤 동물에 비유할 수 있나요? 토끼, 호랑이, 사슴, 나비, 코끼리, 고릴라 등 여러 동물 중에서 자유롭게 골라 표현해보세요. 그리고 그렇게 표현한 이유도 함께 써보세요.

도움말 부모님을 동물에 비유하라고 하면 아이의 마음이 활짝 열립니다. "아빠는 무섭다"라고 직접 말하기를 꺼리는 아이도 "아빠는 호랑이다"라고는 쉽게 말하거든요.
아이는 엄마, 아빠를 어떤 사람으로 생각하고 있을까요? 동물에 비유하는 연습을 통해 부모는 아이의 생각을 생생하게 살필 수 있습니다.

2 나를 무엇에 비유할 수 있나요? 호수, 바다, 폭풍, 화산, 구름, 빗물, 바람, 나무, 꽃, 햇살 등에 비유해보세요. 사람은 화가 나면 활화산이 되고 행복하면 꽃처럼 웃고 편안하면 새하얀 구름에 올라탄 기분이 됩니다. 비유 대상을 여러 개 골라도 되고 동물에 비유해도 좋습니다.

도움말 아이는 비유법 연습과 자기 관찰 연습을 동시에 하게 되겠지요. 우리 아이는 자신을 어떤 존재라고 생각할까요? 자신에게 어떤 특성이 있다고 파악하고 있을까요? 아이의 글은 마음속 자아상을 드러냅니다.

2

의인법, 글에
생명력을 불어넣는다

함께하는 퀴즈 토론

1 ✏ '요즘 인생이 힘들다'라는 뜻을 의인법이 쓰인 문장으로 표현하려면 어떤 표현이 적절할까요? ⓐ~ⓓ에서 골라보세요.

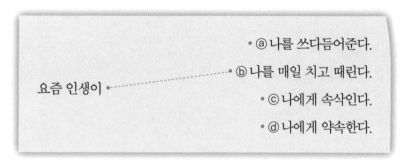

요즘 인생이 ······

- ⓐ 나를 쓰다듬어준다.
- ⓑ 나를 매일 치고 때린다.
- ⓒ 나에게 속삭인다.
- ⓓ 나에게 약속한다.

도움말 '인생이 힘들다'라는 의미를 표현하려면 ⓑ의 '요즘 인생이 나를 매일 치고 때린다'가 적절합니다. ⓐ의 '인생이 나를 쓰다듬어준다'는 표현은 인생이 즐겁다는 뜻입니다. ⓒ의 '요즘 인생이 나에게 속삭인다'는 여러 가지 뜻으로 해석할 수 있지만, '요즘 인생이 힘들다'와는 분명히 거리가 멀어요. 끝으로 ⓓ의 '요즘 인생이 나에게 약속한다'는 요즘 내게 희망이 생겼다는 의미로 볼 수 있겠네요.

2 📝 아래 두 기행문에 어떤 차이점이 있나요? 읽을 때 두 글의 인상이 어떻게 다른가요? 표현법은 또 어떻게 다른가요?

> ① 순천만 습지는 아름다웠다. 천천히 흔들리는 갈대밭은 장관이었다. 또 바람이 시원해서 기분이 한결 좋아졌다.
> ② 순천만 습지는 숨을 쉬고 있었다. 갈대들은 춤을 췄다. 바람이 다정하게 속삭였다. 또 찾아오라고.

도움말 ②는 의인법을 활용한 글입니다. 사람이 아닌 동식물과 사물을 사람인 듯이 묘사하는 표현법이 의인법입니다. 습지, 갈대, 바람을 사람인 것처럼 묘사하여 따뜻하고 포근한 느낌의 글이 되었습니다.

3 🖊 아래 ①~⑤번 문장에는 의인법이 쓰였습니다. 각 문장의 어떤 표현이 의인법에 해당하는지 설명해보세요.

①새들이 합창하고 있다.
②꽃이 춤을 추고 있다.
③내 위장이 밥 달라고 아우성쳤다.
④바람이 소근거렸다.
⑤달이 구름 사이에서 숨바꼭질하고 있다.

도움말 ①은 의인법을 써서 새가 사람인 듯이 비유한 문장입니다. 합창은 여럿이 모여서 화음을 맞추면서 노래하는 행위입니다. 지휘자를 따라 연습을 많이 해야 합창을 할 수 있어요. 새들이 이런 합창을 정말로 연습하진 않겠죠.

춤은 어떤가요? 리듬에 맞춰 팔다리를 움직이는 행위가 춤입니다. 꽃에는 팔다리가 없으니 진정한 의미의 춤을 출 수가 없어요. ②는 꽃을 사람으로 여기면서 쓴 문장입니다.

마찬가지로 위장은 입이 없으니까 큰소리치는 게 불가능하고 역시 발성기관이 없는 바람도 소근거리지 않아요. 또 달이 가위바위보를 해서 술래를 정한 뒤 숨바꼭질 놀이를 하지 않습니다. 위장, 바람, 달을 모두 사람이 행위를 하듯 표현했으니 나머지 문장도 의인법 표현입니다.

마음을 나누는 글쓰기 연습

1 ✏️ 지구에 있는 것 중에서 없으면 안 되는 것은 무엇인가요? 세 가지나 다섯 가지 정도를 꼽아서 설명하는 글을 써보세요. 열 가지여도 상관없어요. 전쟁 없는 평화, 사랑하는 마음, 하늘, 공기, TV, 스마트폰, 나의 장난감, 우리 가족, 나의 추억, 친구 등등 무엇이든 좋아요. 그것이 왜 소중한지 이유를 글로 표현해보세요.

도움말 세계 평화, 사랑하는 마음, 추억이 어린 장난감, 만나면 언제나 기분 좋은 친구, 엄마와 아빠 등 글감 후보는 많습니다. 아이는 이번 글을 쓰며 세상을 관찰하고 자기 자신을 돌아보는 경험을 하게 될 것입니다.

3

과장법,
글을 재미있게 만든다

함께하는 퀴즈 토론

1 ✎ 아래 ①~③번 문장이 어떤 의미인지, 각 문장에 사용된 표현법이 무엇인지
생각해보며 말해봅시다.

---

① 우주가 끝나는 날까지 너를 사랑해.

② 둘이 먹다 하나가 죽어도 모르겠네.

③ 아빠가 노크한 순간, 내 간이 콩알만 해졌다.

도움말 모두 과장법 표현입니다. 확대하는 과장법과 축소하는 과장법

이 모두 있네요. ①과 ②가 확대하는 과장법에 해당합니다. ①은 사랑하는 마음을 부풀렸어요. ②는 너무 맛있어서 옆에서 큰일이 일어나도 모르겠다는 뜻으로, 맛있다는 표현을 과장했습니다. ③에서 "간이 콩알만 해졌다"라는 표현은 겁이 덜컥 나서 마음이 위축된 상태를 과장하여 표현한 것입니다.

2 ✏️ 아래 ①~⑤번 문장에는 과장법이 쓰였습니다. 이 점을 고려하여 각 문장이 어떤 뜻인지 말해보세요.

> ① 나는 그 노래를 천 번 넘게 들었다.
> ② 나는 너를 눈곱만큼도 좋아하지 않는다.
> ③ 그 사실을 모르는 사람은 한 명도 없다.
> ④ 내 배가 등에 붙었다.
> ⑤ 해야 할 숙제가 산더미다.

도움말 ①의 '노래를 천 번 넘게 들었다'라는 표현은 지겨울 정도로 많이 들었다는 뜻이고, ②의 '눈곱만큼도 좋아하지 않는다'라는 표현은 아주 조금도 좋아하지 않는다는 의미입니다. 또 ③의 '모르는 사람이 한 명도 없다'라는 표현은 모두가 빠짐없이 알고 있다는 뜻입니다. ④에서 '배가 등에 붙었다'라는 표현은 '뱃가죽이 등에 붙었다'라는 표현을 순화한 것으로, 배가 텅 비었다고 배고픔을 과장하는 표현입니다. 끝으로 ⑤처럼 숙제가 산더미라고 말을 한다면, 숙제가 너무 많다는 표현을 과장한 엄살이겠죠.

3 ✎ 아래 예문에는 과장법이 쓰였나요? 안 쓰였나요?

①나는 하루도 너를 사랑하지 않은 날이 없다.

②나는 한 순간도 안 빼고 너를 걱정했다.

③나는 하루 온종일 밥만 먹었다.

도움말 사람마다 의견이 다를 수밖에 없습니다. 아래 내용은 저 개인의 의견에 불과하다고 생각하고 읽어보세요.

①은 과장인지 아닌지 애매합니다. 1년 내내 하루도 빼지 않고 사랑하는 게 분명히 가능하긴 해요. 그런데 아무리 사랑해도 대부분은 1년에 하루이틀은 상대를 원망한다고 생각하면 ①은 과장입니다. 더욱이 실제 사랑한 날들을 보고하기 위함이 아닌, 사랑을 표현하는 의도에서 자주 쓰는 말이기에 사랑하는 정도를 과장했다고 볼 수 있어요. 이렇게 과장인지 아닌지 불명확하기 때문에 ①은 더욱 매력적인 문장입니다. 반면 ②와 ③은 분명히 과장입니다. 잠시도 쉬지 않고 걱정만 하거나 오직 밥만 먹는 것은 불가능하니까요. 과장이라는 걸 누구나 알 테니 ②와 ③은 각기 따뜻하고 투정 어린 과장법 문장입니다.

4

예시,
탄탄한 글을 만든다

함께하는 퀴즈 토론

1 두 어린이가 산타 할아버지에게 선물을 받고 싶다는 글을 썼습니다. 두 글을 읽고 아래 질문에 답해보세요.

① 산타 할아버지, 좋은 선물을 많이 주세요.
② 산타 할아버지, 좋은 선물을 많이 주세요. 예를 들어서 저는 피자 상품권 백 장을 받고 싶어요. 아니면 최신 스마트폰 열 개를 주셔도 괜찮아요. 부탁드려요.

1-1 ✎ 두 글의 차이점을 찾아보세요. 어떻게 다른가요?

도움말 ①에는 예가 없지만 ②를 쓴 어린이는 본인이 받고 싶은 선물이 무엇인지 분명하게 예를 들었어요. 두 번째 글이 더 상세한 내용을 담고 있지요.

1-2 ✎ 여러분이 산타 할아버지라면 글①과 글②를 쓴 어린이 중에서 누구에게 선물을 주고 싶나요? 또 그 이유는 무엇인가요?

도움말 아무래도 더 상세하게 쓴 ②에 담긴 마음이 ①보다 정확히 전해지기 쉽습니다. 예시 덕에 더 좋은 선물을 받을 확률이 높아진 것입니다.
물론 ①을 선호할 수도 있습니다. 그에 맞는 합당한 이유만 있으면 ① 역시 답이 될 수 있습니다.

2 ✎ 아래 두 글을 읽어보세요. 어느 글이 설득력이 높은가요? 설득력의 차이는 왜 생기는 걸까요?

① 머지않아 지구가 멸망할 거라고 주장하는 과학자들이 있다. 지구가 없으면 인류도 살 수 없다. 우리 모두 지구가 멸망하지 않도록 지켜내야 한다.
② 머지않아 지구가 멸망할 거라고 주장하는 과학자가 있다. 예를 들어서 영국의 물리학자 스티븐 호킹은 1천 년 내에 지구

가 멸망할 거라고 말했다. 기후 변화가 심각하고 또 핵 전쟁이 일어날 수도 있기 때문이라고 했다. 나는 스티븐 호킹 박사의 말을 믿는다. 우리 모두 환경을 보호해야 한다. 또 무기를 줄이고 평화롭게 살아야 한다. 그렇지 않으면 지구가 멸망한다.

도움말 ①에는 예시가 없습니다. 그래서 흥미도와 설득력이 낮습니다. 반면 ②는 유명 과학자의 주장을 인용했습니다. '예를 들어 어떤 학자는 ~라고 말했는데, 그 생각에 나도 동의한다'라는 식으로 인용하여 예를 들면 글의 설득력이 더 커집니다.

3 ✎ 아래 두 글을 읽고 비교해보세요. 어느 글이 더 이해하기 쉽나요?

① 귀여운 동물만 좋아하고 징그러운 동물을 미워하면 안 된다. 징그러운 동물도 우리에게 큰 도움을 주기 때문에 고마워해야 한다. 귀여운 강아지와 고양이와 곰만 좋아하면 잘못이다.
② 귀여운 동물만 좋아하고 징그러운 동물은 미워하면 안 된다. 예를 들어서 지렁이는 징그럽지만 아주 고마운 동물이다. 지렁이는 땅속 청소부다. 지렁이 1백 마리가 음식물 쓰레기 5킬로그램을 3일 만에 처리한다. 또 땅도 비옥하게 만든다. 지렁이는 징그럽지만 고마운 동물이다. 지렁이도 강아지처럼 소중한 존재다.

도움말 ②가 설득력이 높습니다. 외모가 징그러운 동물도 미워하면 안 된다는 주장을 지렁이 이야기를 예로 들어 뒷받침하고 있습니다. 예시 덕분에 ②는 읽는 사람 입장에서도 이해하기 쉬운 글이 되었습니다.

4 아랫글을 읽고 질문에 답해보세요.

동물마다 몸의 열을 식히는 방법이 다양하다. 예를 들어서 사람은 열을 식히기 위해 땀을 흘린다. 땀이 피부에서 증발하면서 열을 앗아가기 때문에 시원해진다. 땀을 흘리지 않는 악어는 다른 방법을 쓴다. 악어는 입을 크게 벌려서 시원한 공기가 입속에서 돌게 만듦으로써 열을 식힌다. 신기하게도 변을 이용하는 동물도 있다. 황새는 다리에 변을 보는데 변 속의 액체가 증발하면서 열을 식혀준다고 한다. 코뿔소는 진흙을 이용한다. 진흙탕에서 뒹굴고 나면 코뿔소의 몸에 진흙이 잔뜩 묻게 되는데, 진흙 속 수분이 증발하면서 시원해진다. 땀을 조금만 흘리는 개는 헐떡거림을 통해 체온을 낮춘다. 헐떡이며 숨을 쉬는 사이 몸속의 뜨거운 공기를 뱉어내고 시원한 공기를 들이마시는 것이다. 그리고 코끼리는 코로 몸에 물을 뿌리거나 커다란 귀를 펄럭이며 체온을 조절한다. 동물들은 서로 다른 생김새처럼 모두 다른 방식으로 열을 식히면서 살아간다.

4-1 ✐ 몇 가지 예가 제시되었나요?

도움말 사람, 악어, 황새, 코뿔소, 개, 코끼리 등 총 여섯 종류 동물을 예로 들었습니다.

4-2 ✐ 글의 어느 부분이 가장 흥미로웠나요?

도움말 알고 보니 땀은 정말 중요한 기능을 하는군요. 체온을 조절하기 위해 꼭 필요한 것이었어요. 저마다 체온을 낮추는 고유한 방법을 터득했다니 참 흥미롭습니다.

1 ✐ 어떤 사람이 행복한 사람인가요? 행복해보이는 사람이 누구인지 지목해보세요. 스파이더맨, 엘사, 테레사 수녀, 미국 대통령, 신데렐라, 빌 게이츠, 인어공주, 아이언맨, 흥부, 행복한 왕자, 아이돌, 연예인, 아인슈타인, 내 친구, 나 자신 등 누구라도 좋아요. 세 명을 고르고, 그들이 왜 행복하다고 생각하는지 이유를 써보세요.

도움말 아이가 꼽은 행복한 인물은 아이 자신의 이상과 바람이 무엇인지 말해줄 것입니다. 스파이더맨이나 아이언맨은 현실을 뛰어넘는 초능력을 상징할 테고, 빌 게이츠는 봉사 혹은 재력을 상징합니다. 또 신데렐라나 인어공주의 삶에서는 사랑이 지상 최대의 목표였으며, 테레사 수녀는 헌신, 미국 대통령은 영향력, 아이돌 등 스타는 인기를 상징할 테니까요.

4

- - - - - - - - - - - - -

어려운 글쓰기 숙제,
쉽게 해내는 방법

1

기행문, 영화 감상문, 일기 쓰기

함께하는 퀴즈 토론

1 🖊 서해 바다로 가족과 여행을 다녀온 어린이가 같은 경험을 서로 다른 기행문 두 편으로 표현했습니다. 기행문 ①과 ②가 어떻게 다른지 비교해보세요.

> ① 서해 바다로 가족과 여행을 다녀왔다. 가는 데 차가 밀려서 세 시간이 걸렸다. 숙소에 짐을 풀고 바닷가로 나갔다. 산책하고 뛰어놀다가 밥을 먹었다. 메뉴는 조개구이였다. 엄마, 아빠는 노래도 불렀다. 숙소에서 잠을 자고 오늘 낮에 집에 돌아왔다. 돌아오는 데는 두 시간 정도 걸렸다. 침대에 누워

서 금방 잠이 들었다.

②서해 바다로 가족과 여행을 다녀왔다. 차 안에서 보낸 시간이 가장 지루했다. 교통량이 많아 세 시간이 걸려서야 목적지에 도착했다. 나와 동생은 지겨워서 혼났다.

첫날 바닷가에서 뛰어놀면서 기분이 좋아졌다. 오랜만에 밖에서 달렸더니 막혔던 가슴이 뚫리는 기분이었다. 가장 행복한 때는 식사 시간이었다. 부드러운 조개구이 맛은 아직도 생생하다.

전혀 기대하지 못한 일도 벌어졌다. 엄마, 아빠가 저녁놀을 보면서 노래를 부른 거다. 부모님은 예쁘게 노래를 불렀다. 집으로 돌아오면서 생각했다. 가족 여행은 아주 행복한 일이라고 말이다.

도움말 ①은 내비게이션에 저장된 여행 기록이나 다름없습니다. 글쓴이의 생각도 없고 감상도 없어요. 무미건조한 사실만 단순 나열했기 때문에 재미가 없습니다.

②는 아이의 느낌을 중심으로 여행을 재구성했습니다. 여행을 다니면서 느낀 감정을 중심으로 썼기 때문에 글을 읽는 사람의 감정도 건드릴 수 있습니다.

2 ✏️ 열두 살 아이가 자신의 인생을 돌아보면서 글 두 편을 썼어요. 두 글에는 어떤 차이가 있나요?

①나는 이제 열두 살이다. 여섯 살에 유치원에 갔다. 여덟 살에는 초등학교에 입학했다. 아홉 살에 2학년이 되었다. 영어 학원에 다니기 시작했다. 열 살에는 3학년이 되었다. 수학 학원에 다니기 시작했다. 지금은 열두 살이니까 5학년이다. 학원을 네 군데 다닌다.

②나는 이제 열두 살이다. 가장 행복했던 시기는 유치원 다닐 때였다. 선생님도 친절했고 아이들과 보낸 시간도 즐거웠다. 초등학교에 입학했을 때 마음이 아주 설렜다. 학교 다니는 건 기쁜데 공부는 어렵다. 열 살때 수학 학원에 다니기 시작했는데 그때 가장 힘들었다. 열두 살인 지금은 학원을 네 군데나 다닌다. 열두 살 인생에서 나는 요즘 공부를 가장 많이 하고 있다. 학원 숙제가 많아서 어쩔 수 없이 공부해야 한다.

도움말 ①에는 글쓴이의 생각은 없고 과거 사실만 단순 나열되었습니다. 읽는 사람 입장에서는 흥미를 느끼기 쉽지 않은 글이지요. 반면 ②에는 글쓴이의 생각이 들어가 있습니다. 자신이 무엇을 가장 좋아했고 또 힘들어하는지 글로 표현했어요. 좋고 싫은 것에 대한 생각이 들어가니까 글이 더 재미있어졌어요.

마음을 나누는 글쓰기 연습

1 ✏️ 일주일을 돌아보는 글을 써보세요. 지난 일주일 동안 일어난 일을 떠올려보고 가장 신났던 것, 가장 행복했던 것, 가장 짜증 났던 것, 영원히 기억할 것, 가장 실망했던 것 등을 골라서 쓰면 됩니다.

도움말 아이가 볼멘소리를 할 게 분명합니다. "이번 주에 영원히 기억할 일이 없었어요. 또 신났던 일도 없었고요. 그래서 글을 쓸 수가 없어요"라고 말하겠죠. 그러면 비교적 신났던 일을 쓰게 하면 됩니다. 또 비교적 오래 기억에 남을 일을 떠올리면 되고요. 절대적으로 좋지 않더라도 비교적 괜찮은 일에 대해 글을 쓰다 보면, 아이의 감각이 점차 섬세하게 발달할 것입니다.

2 ✏️ 영상 콘텐츠를 본 뒤 감상문을 하나 써보세요. 웹툰이나 유튜브 영상에 대한 감상문도 괜찮아요. 어떤 부분은 좋았고 어떤 부분은 실망이었으며 어떤 내용은 놀라웠는지 자유롭게 표현해보세요.

도움말 기행문이나 영화 감상문이면 좋지만, 짧은 만화에 대한 감상문도 상관없어요. TV 예능 프로그램을 시청하고 느낀 점을 적어도 괜찮습니다. 아이가 좋아하는 것을 골라서 감상문을 쓰게 하면,

글쓰기를 거부하지 않을 겁니다. 소재를 선택할 자유가 있으면
아이가 글쓰기를 좋아할 확률이 높아지겠죠.

2

독서 감상문 쓰는 방법

함께하는 퀴즈 토론

1 같은 책을 읽고 두 어린이가 각기 다른 감상문을 썼습니다. 두 글에서 드러
나는 느낌과 생각의 차이를 말해보세요.

제목 **나를 슬프게 만든《인어공주》**

《인어공주》를 읽었다. 아주 슬픈 장면이 있었다. 왕자가 다른 여
자와 결혼을 결심했을 때는 눈물이 날 뻔했다. 왕자와 결혼을
못 하면 인어공주가 죽기 때문이다. 가슴이 조마조마했지만 다
행히도 왕자가 진실을 알게 된다. 바다에 빠진 자기를 인어공주

가 구했다는 사실을 알게 된 것이다. 결국 왕자와 인어공주는 결혼식을 올렸다. 행복한 결말이었다. 책을 읽고는 아주 행복했다.

도움말 글을 쓴 어린이는 조마조마하고 슬프기도 했지만 행복했다고 표현했습니다. 인어공주와 자신을 동일시하면서, 인어공주의 행복을 진심으로 축하하고 있어요. 글쓴이의 마음을 또렷하게 표현한 좋은 독서 감상문입니다.

제목 답답하다, 글도 모르는 인어공주

《인어공주》를 읽으면서 내내 답답했다. 왕자는 바다에 빠진 자신을 구해준 생명의 은인이 누구인지 꼭 알고 싶어 했다. 인어공주는 빨리 알려줬어야 한다. 왜 알려주지 못했을까? 목소리를 잃어서라고 변명하는 건 말도 안 된다. 말을 못하면 글로 쓰면 되니까 말이다. 혹시 인어공주는 글도 모르는 걸까? 글을 모르면 그림이라도 그려서 자기가 왕자를 구했다고 알려줘야 했다. 방법이 있는데도 진실을 알리지 않는 인어공주 때문에 이야기 내내 답답했다. 《인어공주》는 슬픈 이야기가 아니라 답답한 이야기다.

도움말 인어공주 이야기의 허점을 찾아낸 글입니다. 분석을 아주 잘했습니다. 책을 논리적으로 비판하는 글은 재미있습니다. 자기 생각을 명확히 표현한, 좋은 독서 감상문입니다.

2 🖊 아래 《신데렐라》 감상문을 읽어보세요. 글 쓴 어린이는 주인공 신데렐라와 자신의 차이점에 주목하여 글을 썼습니다. 다시 말해, '나는 신데렐라와 무엇이 다른가'를 고민하고 그 내용을 글로 표현한 것이죠. 글 쓴 어린이가 발견한 그 차이점은 무엇인가요?

(제목) **신데렐라야, 발이 큰 나는 불쾌하다**

나와 신데렐라는 차이점이 많다. 나는 엄마와 가족의 사랑을 듬뿍 받는다. 쥐들과 놀지도 않고 깨끗한 방에서 잔다. 또 왕자와 결혼할 생각이 나는 없다.

신데렐라와 나 사이에는 또 다른 차이가 있다. 발 크기가 다르다. 신데렐라는 발이 아주 작다. 신데렐라가 궁전에 유리 구두 한 짝을 남겼는데 온 나라를 뒤져도 그 구두를 신을 수 있는 여자가 없었다. 구두가 너무 작았기 때문이다. 오직 신데렐라만 유리 구두에 발이 들어갔다. 그런데 여자는 신데렐라처럼 발이 작아야 좋은 걸까? 그래야 사랑받을 수 있다는 이야기일까? 아무리 생각해도 이상하다.

나도 신데렐라의 유리 구두를 신지 못할 것 같다. 그래도 괜찮다. 운동화를 신고 뛰어다닐 때 내 발이 든든하다. 스케이트를 타고 쌩쌩 달리는 것도 튼튼한 발 덕분이다. 나는 내 발이 좋다. 신데렐라의 손바닥만 한 발은 전혀 필요 없다.

(도움말) 글 쓴 어린이는 자신과 신데렐라가 여러모로 다르지만, 무엇보다 발 크기의 차이가 도드라진다는 걸 깨달았습니다. '신데렐라

는 발이 작아서 유리 구두가 꼭 맞아 왕자를 만나고 행복해졌는 데 발이 큰 나는 어쩌지?' 하고 행복의 도식을 단순하게 그릴 수도 있으니까요. 글 쓴 어린이는 달랐습니다. 이 차이점을 의연하게 받아들이고 크기가 어떻든 자신의 발이 소중하다고 합니다. 윗글은 첫 번째로 주인공과 자신의 차이점에 주목해서 독서감상문을 썼다는 점이 특별합니다. 비슷한 경험이나 생각을 한 독자는 글에 빨려 들게 됩니다. 두 번째로 독서 경험을 통해 자기 긍정에 이르렀다는 점도 특별합니다. 말하자면 글 쓴 어린이는 스스로 자존감을 길러낸 것입니다. 글 읽기와 글쓰기의 중요한 목표가 이러한 자생적인 자존감입니다.

3 ✎ 전혀 다른 감상을 표현한 《흥부와 놀부》 감상문 두 편을 비교해보세요. 글 쓴이의 생각은 어떻게 다른가요?

제목 《흥부와 놀부》의 교훈

《흥부와 놀부》는 교훈적인 이야기다. 착하게 살아야 한다는 걸 알려주니까 고맙고 소중한 동화다.

놀부는 돈 때문에 동생을 배신했다. 돈이 사람보다 중요한 거다. 놀부는 돈에 눈먼 나쁜 사람이다. 그런데 세상에 그런 사람들이 많다. 돈 욕심만 부리는 나쁜 사람들은 밉다.

놀부는 제비 다리를 부러뜨렸으니까 동물 학대까지 저질렀다. 반려견을 몰래 유기하는 사람들도 모두 놀부를 닮았다. 나쁜 사람들은 벌을 받게 된다. 세상의 나쁜 사람들도 조심해야 한다.

벌받기 싫으면 《흥부와 놀부》를 읽고 반성해야 한다.

제목 《흥부와 놀부》는 재미가 전혀 없다

솔직히 재미가 없었다. 아파트에 사는 나는 제비를 한 번도 본 적이 없다. 박이 무엇인지도 도저히 모르겠다. 《흥부와 놀부》가 알 수 없는 먼 나라 이야기 같았다.

그리고 흥부에게 공감이 안 되었다. 자녀가 무려 열두 명인데 직업이 없다. 좀 게을러 보였다. 흥부가 노력도 없이 벼락부자가 된 것도 감동적이지 않다. 억지 같았다. 《흥부와 놀부》는 재미없는 이야기다.

도움말 두 개의 감상문에서 《흥부와 놀부》에 대한 평가가 완전히 다릅니다. 한쪽은 교훈적인 이야기라고 호평하지만, 다른 쪽은 허술하고 공감도 안 되는 이야기라고 혹평합니다. 글쓰기에서 정해진 규칙은 없습니다. 마음껏 표현할 수 있습니다.

글쓰기는 자유롭게 이루어져야 합니다. 학원에 가고 학교에 가는 건 자유가 아닙니다. 아이는 자주 자유를 잃고 사는 것이죠. 그런데 글을 쓸 때만은 완전히 자유입니다. 혹평이든 호평이든 마음껏 자기 감상을 표현하라고 일러주면, 아이가 글쓰기에 호감을 느낄 것입니다.

4 ✎ 아래는 《헨젤과 그레텔》 감상문입니다. 읽다보면 빨려드는 느낌이 들지 않나요? 이 글의 흡인력은 왜 높은 걸까요?

헨젤과 그레텔에게는 친아빠가 있었다. 친아빠는 나쁜 사람이라고밖에 할 수 없다. 아이들을 버리자고 새엄마가 조르니까 금방 설득되었기 때문이다. 친아빠와 새엄마는 깊은 숲에 남매를 버리고는 집으로 돌아갔다. 숲에 버려진 헨젤과 그레텔은 마녀를 만났다. 마녀는 아이들을 살찌워 잡아먹으려고 했다. 다행히 아이들이 도망쳤지만 정말로 큰일날 뻔했다.

나는 《헨젤과 그레텔》을 읽다가 무서워졌다. 여덟 살 때였나, 내가 말을 듣지 않고 울면서 떼를 쓰자, 엄마가 했던 말이 떠올랐기 때문이다. "너 계속 그러면 다리 밑에 버릴 거야." 왜 다리 밑인지는 모르겠지만 버리겠다는 말이 무서워서 엉엉 울고 말았다.

엄마, 아빠에게 부탁하고 싶다. 제발 나를 버리지 말라고 말이다. 또 가끔 말을 듣지 않아도 너무 미워하지 말라고도 사정하고 싶다. 원래 아이들은 말을 좀 안 듣는 거라는 이야기를 들었다. 할머니 말씀으로는 엄마도 어릴 때 말을 안 들었단다. 그래도 할머니는 엄마를 버리지 않았다. 우리 부모님도 나를 버리지 말아야 한다. 엄마, 아빠, 사랑해요.

도움말 《헨젤과 그레텔》의 내용만 써놓았다면 지루했을 것입니다. 글쓴 아이는 《헨젤과 그레텔》을 읽은 뒤 자신의 경험을 떠올렸고,

경험과 감상을 자세히 써놓았습니다. 동화의 내용과 자기 경험을 엮었기 때문에 글이 재미도 있고 흡인력도 높습니다. 헨젤과 그레텔처럼 버림받을지 모른다고 생각한 아이가 얼마나 무서웠을지, 독서 감상문을 읽은 사람도 생생하게 느낄 수 있습니다.

마음을 나누는 글쓰기 연습

1 ✏️ 지금까지 읽은 책 중에서 가장 좋았던 책을 두 권 골라서 왜 좋았는지 써보세요. 또 재미없거나 지루했던 책도 두 권 꼽아보세요. 왜 재미없고 지루하다고 느꼈나요?

도움말 우리 아이가 책을 수동적으로 소비하지 않고 읽은 뒤 내용을 이해하여 비판하는, 적극적인 자세를 지닌다면 아주 이상적입니다. 이때 부모님의 역할이 있습니다. 어떤 책이 좋고 어떤 책은 재미가 없는지 자주 물어보는 것입니다. 또 마음에 쏙 드는 주인공이 누구이고 어떤 등장인물은 왜 비호감인지 질문을 해보세요. 그리고 개연성이 부족한, 즉 말도 안 되는 엉터리 이야기는 무엇인지 물어봐도 좋습니다. 질문을 받은 아이는 자신의 느낌과 생각이 아주 중요하다고 느끼게 됩니다.

2 ✏️ 《행복한 왕자》의 주인공인 커다란 왕자 동상은 매일 마을을 내려다보다 큰 슬픔에 빠집니다. 가난한 사람들이 고통받는 모습이 마음 아팠던 거죠. 그래서 자신의 몸에 붙어 있는 보석과 금 조각을 가난한 사람들에게 나눠줬습니다. 여러분은 누군가를 도운 경험이 있나요? 도움을 줬을 때 기분이 어땠나요? 글로 써보세요.

사람은 남을 도울 때 행복을 느낀다고 합니다. 마음이 불안할 때 다른 누군가를 도와주면 마음이 편안해진다는 이야기도 있습니다. 왕자 동상처럼 자신을 희생하여 타인을 돕는 인물은 아이에게 행복의 비법을 알려줍니다.

3 《개구리 왕자》에는 한 공주가 나옵니다. 공주는 황금 공을 연못에 빠뜨리고는 울고 있었어요. 개구리가 제안을 합니다. 자신과 친하게 지내겠다고 약속하면 공을 꺼내주겠다는 거였죠. 공주는 흔쾌히 약속했어요. 그런데 개구리가 공을 꺼내준 뒤에 공주는 자기 집으로 들어가버렸어요. 개구리와의 약속을 헌신짝처럼 버렸던 것이죠.
혹시 약속을 지키지 않은 적이 있나요? 또 누가 약속을 지키지 않아서 속상했던 일이 있나요? 그런 경험을 글로 써보세요.

배신감을 느꼈을 개구리 왕자 또는 약속을 지키지 않은 공주와 자신의 공통 경험을 찾아낸다면 좋은 글을 쓸 수 있습니다. 아울러 글을 쓰는 동안 자신을 돌아보며 내적 성장을 이뤄낼 것입니다.

4 피노키오는 거짓말을 하면 코가 길어집니다. 거짓말을 하자마자 다 들통나고 마는 거예요. 혹시 거짓말을 했다가 들켜서 곤란했던 경험이 있나요? 또 거짓말을 하고 들킬까 봐 가슴이 두근거렸던 일은 없나요? 거짓말한 경험과 《피노키오》를 연결해서 독서 감상문을 써보세요. 아주 재미있는 글이 될 겁니다.

어릴 때 거짓말을 하지 않는 어린이는 드뭅니다. 어린이는 보통 악의적인 거짓말을 하지 않습니다. 다른 사람을 해치거나 갈취 하려고 거짓말하는 어른과는 다르지요. 보통 어린이는 괴로움 을 피하기 위해 거짓말을 합니다.

그러니 아이의 거짓말에 너그러운 게 좋습니다. 야단치지 않을 테니 거짓말한 경험을 말해보라고 아이에게 이야기해보세요. 거짓말을 허용하라는 의미는 아닙니다. 다만, 아이가 이전에 거 짓말을 한 경험과 그 과정에서 느낀 점을 함께 나누면 단순히 거짓말을 하지 말라고만 할 때보다 서로 얻는 것이 더 많을 겁 니다.

3

주장하는 글,
쉽고 재미있게 배우기

함께하는 퀴즈 토론

1  아랫글을 읽고 답해보세요.

> ⓐ요즘 어린이들은 책 읽기를 싫어한다. 스마트폰이나 TV를
> 더 좋아한다. 그러면 안 된다.
>
> ⓑ어린이들은 책을 많이 읽어야 한다. 독서를 많이 하면 좋은
> 점이 세 가지다. 첫 번째로 어휘력이 늘어난다. 낱말을 많이
> 알아야 내 마음을 더 정확히 표현할 수 있다.
>
> 독서를 많이 하면 머리도 좋아진다. 머리가 좋아진다는 건

공부를 잘하게 된다는 뜻이다. 미래에 훌륭한 일을 하고 싶은 어린이는 책을 많이 읽어두는 게 좋다.

독서의 세 번째 이로운 점도 있다. 독서를 많이 하면 외모가 빛나게 된다. 나는 독서를 많이 했더니 얼굴 피부가 좋아졌다. ©어린이들은 스마트폰에 빠지지 말고 책을 많이 읽어야 한다. 어휘력이 늘고 학습능력이 높아지며 피부도 좋아지기 때문이다.

1-1 ✏ 이 글의 주장과 근거는 무엇인가요?

주장: _____

근거: _____

도움말 ⓐ가 서론, ⓑ가 본론, ©는 결론입니다. 본론에 주장과 근거가 나와 있어요. 주장은 책을 많이 읽어야 한다는 것이고, 근거는 어휘력이 늘어나고, 머리가 좋아지고, 피부가 좋아지기 때문이라고 세 가지를 제시했습니다.

1-2 ✏ 설득력이 낮은 근거는 어느 부분인가요?

도움말 피부가 좋아진다는 근거가 설득력이 약합니다. 일반적이지 않기 때문입니다. 책을 읽는다고 모든 어린이의 피부가 좋아지지는 않습니다.

2 아래 두 글 중에서 어느 것이 더 설득력이 높나요? 설득력의 차이는 어디에서 생기는 걸까요?

> ① 애써서 연애하지 말자. 초콜릿 사주면서 잘해줘봐야 소용없다. 사랑은 오래가지 않기 때문이다. 비싼 초콜릿은 혼자 먹는 게 낫다.
> ② 애써서 연애하지 말자. 미국의 신경학자 프레드 노어에 따르면 사랑은 2년 6개월 뒤에 식는다. 아무리 서로 좋아해도 곧 지겨워진다는 말이다. 비싼 초콜릿은 혼자 먹는 게 낫다.

도움말 둘 다 주장을 담은 글입니다. 애써가며 굳이 연애를 하지는 말자는 것입니다. 그런데 ①보다는 ②가 호소력이 높습니다. 근거를 제시하지 않은 ①과 달리 신경학자의 설명을 주장의 근거로 제시했기 때문입니다.

3 아랫글의 주장과 근거는 무엇인가요? 근거는 모두 타당한가요?

> 아빠, 요즘 아빠가 저를 많이 야단치는 거 아시죠? 저를 자주 야단치시면 안 됩니다.
> 야단맞으면 공부가 더 하기 싫어져요. 아빠도 어릴 때 야단을 맞으면 책을 덮고 싶었을 거예요. 저도 똑같아요. 그리고 성적보다 더 중요한 문제도 있어요. 야단치면 가족의 행복이 깨집니다. 야단만 맞으면 저는 아빠를 사랑할 수가 없습니다. 사랑

없는 가정은 불행할 수밖에 없죠.

저를 혼내지 말아야 하는 가장 중요한 이유도 말씀드릴게요.

저는 지금 최선을 다하고 있어요. 앞으로는 더 나아질 거고요.

아빠, 야단치지 말고 저를 응원해주세요. 부탁드려요.

도움말 주장은 야단을 쳐서는 안 된다는 것이고 근거는 세 가지입니다. 야단이 오히려 공부를 더 하기 싫게 만들고, 가족의 행복도 깨뜨린다고 했어요. 또 최선을 다하고 있으니까 야단치면 안 된다고도 했습니다. 세 가지 근거 모두 타당합니다. 근거를 제시할 뿐만 아니라 그 근거에 대해 이해하기 쉬운 설명까지 더했으니 논리가 튼튼한 글입니다.

1 ✏️ 엄마, 아빠에게 원하는 바를 적절한 근거를 들어 주장하는 글을 써보세요.
용돈, TV 시청 시간, 부모님의 말투, 먹고 싶은 음식 등 무엇이든 좋습니다.

도움말 아이가 용돈을 올려달라는 주장을 한다면 근거가 무엇인지 물어보세요. "물가가 많이 올랐다"거나 "먹는 양이 늘었다"고 대답할 수도 있겠죠. 부모님에 대한 불만을 말하면 불만의 근거가 무엇인지 물어보세요. 만일 아이의 주장이 타당하고 근거의 설득력이 높다면, 시원시원하게 들어주는 것도 좋은 방법입니다. 자기 주장이 통하는 경험을 하면 적절한 근거를 제시하며 주장하는 일에 자신감을 느낄 것입니다.

5

감각과 감정을
섬세하게 표현하는 글쓰기

1

슬픔을
다양하게 표현하려면?

함께하는 퀴즈 토론

1 ✎ '슬프다' 대신에 쓸 수 있는 말이 뭐가 있을까요?

도움말 '우울하다' '걱정스럽다' '실망스럽다' '가엽다' '애잔하다' '마음이 아프다' '서운하다' 등 상황에 따라 다양한 표현으로 '슬프다'를 대신할 수 있습니다.

2 아랫글에서 "슬픈"과 "슬펐다"를 다른 표현으로 고쳐보세요.

《성냥팔이 소녀》는 굉장히 슬픈 이야기다. 어린아이가 추운 길에서 장사를 하는 게 슬펐다. 어느 가족이 밥 먹는 장면을 소녀가 부러워하며 쳐다볼 때도 무척 슬펐다. 뭐니 뭐니 해도 이야기의 결말이 가장 슬펐다. 소녀가 세상을 떠날 때 나는 무척 슬펐다.

도움말 어법과 문맥에만 맞다면 '안타까웠다' '불쌍했다' '마음이 아팠다' '충격적이다' '눈물을 쏟았다' 등 어떤 단어로든 자유롭게 바꿀 수 있습니다.

《성냥팔이 소녀》는 굉장히 안타까운 이야기다. 어린아이가 추운 길에서 장사를 하는 게 불쌍했다. 어느 가족이 밥 먹는 장면을 소녀가 부러워하며 쳐다볼 때도 무척 마음이 아팠다. 뭐니 뭐니 해도 이야기의 결말이 가장 충격적이다. 소녀가 세상을 떠날 때 나는 눈물을 쏟았다.

3 🖊 앞선 표현에 뒤이어 나올 수 있는 적합한 마음 표현을 찾아 선을 그어보세요.

모르는 아이들과 인사를 하는데 •⋯⋯⋯⋯⋯

• 슬펐다.

• 속상했다.

• 걱정되었다.

• 부끄러웠다.

도움말 답을 하나만 고른다면 "부끄러웠다"이겠지만 그렇다고 다른 표현이 틀리지는 않습니다. 낯선 친구와 인사하면서 슬퍼하거나 걱정하는 사람도 분명히 있으니까요. "보통은 '부끄러웠다'를 연결짓지만, 다른 표현도 얼마든지 가능하다"라고 아이에게 일러주면 됩니다.

다만 "부끄러웠다"가 아닌 경우에는 이유가 필요합니다. 왜 슬프거나 속상하거나 걱정이 되었는지 이유를 설명할 수 있어야 합니다. 예를 들어서 "모르는 아이들과 인사를 하는데 슬펐다. 전학하여 헤어진 이전 학교 친구들이 생각나서다"라고 말할 수 있다면 자신만의 논리를 갖춰가는 연습이 될 것입니다.

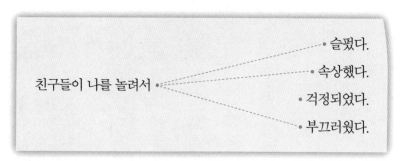

도움말 친구들이 놀리면 당연히 슬프죠. 또 속상하기도 해요. 따라서 "슬펐다"와 "속상했다"가 적절합니다. 물론 '친구들이 나를 놀려서 부끄러웠다'라고 해도 어색하지 않습니다. 그렇다면 '친구들이 나를 놀려서 걱정되었다'는 어떨까요? 틀린 표현은 아니지만 일반적이지 않죠. 다만, 왜 걱정이 되었는지 이유를 설명할 수 있으면 가능합니다. 예를 들어서 '친구들이 나를 놀려서 걱정되었다. 학교 생활이 힘들 것 같다는 예감이 들었기 때문이다'라는 식으로 덧붙일 수 있겠죠.

다음 날이 시험 날이라서 •⋯⋯⋯⋯⋯⋯⋯

- 슬펐다.
- 속상했다.
- 걱정되었다.
- 부끄러웠다.

도움말 다음 날이 시험 날이어서 슬플 수 있어요. 속상할 수도 있고요. 하지만 보통 "걱정되었다"가 가장 잘 어울립니다.

4 ✎ 다음 중 '내가 슬프다' 대신 쓸 수 있는 표현은 몇 개인가요?

① 내 가슴이 아프다.
② 내 가슴이 미어진다.
③ 내 가슴이 뜨끔하다.
④ 내 가슴이 끓어오른다.

⑤ 내 가슴이 아리다.

도움말 ③과 ④를 빼고 나머지 보기는 슬픈 마음을 묘사합니다. ① "내 가슴이 아프다"는 슬프거나 안타까운 마음을 표현합니다. 바지 등 옷이 닳아서 구멍이 나는 걸 '미어지다'라고 표현하므로 ② "내 마음이 미어진다"는 깊은 슬픔을 나타냅니다. 찌르듯이 알 알한 아픔을 느낄 때 '아리다'라고 합니다. 그러므로 ⑤ "내 가슴이 아리다"도 슬픈 마음을 표현합니다.

5 ✏ 아래 보기에서 나머지 보기와 뜻이 다른 보기는 몇 번인가요?

① 눈시울이 뜨거웠다
② 눈시울을 붉혔다
③ 눈꺼풀이 무거웠다
④ 코끝이 찡했다
⑤ 눈자위가 뜨거워졌다

도움말 '졸렸다'는 뜻인 ③ "눈꺼풀이 무거웠다"를 제외한 나머지 보기는 모두 '슬펐다'는 의미입니다. 눈시울은 속눈썹이 난 부위를 말합니다. 눈물이 나면 눈시울이 붉어지거나 뜨거워집니다. 슬프면 코끝도 찡하고 붉어져요. 눈자위는 눈알의 가장자리로, 이곳이 뜨거워진 것 역시 눈물이 나는 모습을 뜻하지요.

(마음을 나누는 글쓰기 연습)

1 ✎ 아빠는 언제 가장 슬퍼보이나요? 또 어떤 경우에 기뻐보이나요? 최소 두 가
지씩 예를 들어보세요. 아빠 대신 친한 친구가 언제 기뻐하고 슬퍼하는지에
대해 글을 써도 좋아요.

도움말 아이는 부모의 슬픔과 기쁨에 관심이 큽니다. 부모가 감정을 애
써 숨기더라도 직감적으로 알아차리죠. 아이의 글을 읽으면 아
이가 아빠를 어떻게 생각하는지 알 수 있을 것입니다.
아빠 대신 친구를 대상으로 쓴 글도 좋습니다. 아빠와 친구 중
에 누가 되었건 타인의 감정을 상상하는 동안, 아이의 공감 능
력이 자라날 것입니다.

2

기쁜 마음을
다채롭게 그려내려면?

함께하는 퀴즈 토론

1 📝 기쁜 마음을 다채롭게 표현하는 연습을 해볼게요. 빈칸 안에 어떤 표현을 넣을 수 있을지 말해보세요. 그리고 왜 그렇게 생각했는지도 함께 이야기해보세요. 적절한 이유를 댈 수만 있다면 빈칸에 들어가는 표현은 한 가지가 아닌, 여러 가지가 될 수 있습니다.

• 아빠가 좋은 선물을 주신다고 했다.

　나는 _____

도움말 아빠가 좋은 선물을 약속한 상황에서 '무척 기뻤다'라는 표현이 어울립니다. 기대감이 크다는 뜻으로 '가슴이 두근두근했다'라고 써도 됩니다.

'조마조마했다'는 약간 어색할 수 있지만, 안 되는 건 아니에요. '아빠가 읽기 싫은 두꺼운 영어책을 이번에도 선물하실까 봐 조마조마했다'라고 표현할 수도 있으니까요. '조마조마했다'라고 답한 아이가 도리어 창의성이 높을지 모릅니다.

- 캠핑장에서 난생처음으로 별똥별을 봤다.

  나는 _____

도움말 태어나서 처음으로 아름다운 별똥별을 본 어린이의 기분이 어떨까요? 너무 좋아서 흥분할 수도 있고, 오래 기다렸던 별똥별이라서 감격적일 수도 있겠죠. '설레었다'도 안 될 이유가 없습니다. 예를 들어서 '별똥별을 보면서 소원을 빌었다. 내 비밀 소원이 이루어질 거라고 생각하니 마음이 설렌다'라고 표현할 수 있습니다. 이렇게 문맥에 따라 다양한 표현을 쓸 수 있습니다.

3

화난 마음을
열 가지로 나타내는 방법

함께하는 퀴즈 토론

1 '화가 났다' 대신에 쓸 수 있는 표현을 익혀보겠습니다. 밑줄 친 표현의 의미
가 각각 어떻게 다른지 이야기해보세요.

- 동생이 자기가 잘났다는 말을 자꾸 반복했다. 나는 <u>화가 났다</u>.
- 동생이 자기가 잘났다는 말을 자꾸 반복했다. 나는 <u>지겨웠다</u>.
- 동생이 자기가 잘났다는 말을 자꾸 반복했다. 나는 <u>괴로웠다</u>.

도움말 밑줄 친 세 가지 표현 모두 쓸 수 있어요. 그런데 뜻 차이는 분명히 있어요. "화가 났다"와 "지겨웠다"는 전혀 다른 말입니다. 화 났다는 건 마음에 불이 붙는 느낌이고 지겨웠다는 건 지긋지긋하게 넌더리가 날 정도로 싫다는 느낌입니다. 또 "괴로웠다"도 "화가 났다"와는 다른 뜻입니다. 괴롭다는 건 고통을 느낀다는 의미니까요. 자기 감정에 딱 맞는 표현을 골라 쓸 수 있게 아이에게 다양한 감정 표현을 가르치는 것이 중요합니다.

> • 친구가 나에게 거짓말을 했다. 나는 <u>화가 났다</u>.
> • 친구가 나에게 거짓말을 했다. 나는 <u>기분이 상했다</u>.
> • 친구가 나에게 거짓말을 했다. 나는 <u>배신감을 느꼈다</u>.

도움말 친구가 거짓말을 하면 화가 날 거예요. 물론 "화가 났다" 대신에 "기분이 상했다"라고 해도 괜찮아요. 또 평소에 믿었던 친구라면 "배신감을 느꼈다"라고도 표현할 수 있지요.

유사한 어휘들의 속뜻이 미세하게 다르다는 걸 설명해주면, 아이의 언어 감수성이 높아집니다.

> • 내 숙제 노트를 강아지가 먹어버렸다. 나는 <u>화가 났다</u>.
> • 내 숙제 노트를 강아지가 먹어버렸다. 나는 <u>짜증이 났다</u>.
> • 내 숙제 노트를 강아지가 먹어버렸다. 나는 <u>실망했다</u>.
> • 내 숙제 노트를 강아지가 먹어버렸다. 나는 <u>뿔났다</u>.

도움말 애써서 숙제를 해놓았는데, 강아지가 노트 몇 페이지를 뜯어먹은 모양입니다. 이런 상황에서 "화가 났다"와 "짜증이 났다"는 자연스럽게 쓸 수 있는 표현입니다. "나는 실망했다"는 약간 부자연스럽지만 문맥에 따라 얼마든지 활용 가능한 표현입니다. 가령 '나는 우리 강아지가 사람보다 똑똑하다고 믿었는데, 오늘 크게 실망했다'고 표현할 수 있습니다. "나는 뿔났다"는 화가 났다는 뜻이니까 문맥상 어울립니다.

마음을 나누는 글쓰기 연습

1 나를 기쁘게 하는 일은 무엇인가요? 또 나를 화나게 하는 일은 무엇인가요? 칭찬, 스마트폰, 놀이, 독서, 휴식, 간식, 숙제, 오해, 벌 서기, 외면 등 다양하게 있을 거예요. 나를 기쁘게 하는 일과 화나게 하는 일을 각기 세 가지씩 적어보고 왜 그런 감정을 느끼는지도 함께 적어보세요.

도움말 '나를 화나게 만드는 것은 무엇인가'라는 질문에 답할 수 있다면, 자신을 잘 안다는 뜻이라고 합니다. 달리 말해서 '자기 인식'의 수준이 높은 것이죠. '자기 인식self-awareness'은 중요한 심리학 개념으로, 성찰을 통해 자신을 선명하고 객관적으로 보는 능력을 뜻합니다. 자신의 성격, 능력, 감정, 특정 상태에 대한 동기, 특성을 잘 이해하면 인생을 안정적으로 살 수 있습니다. 또 갈등과 좌절 등 삶의 갖가지 문제 해결에도 능하다고 해요. 화나게 만드는 일과 기쁘게 만드는 일이 무엇인지 묻고 답하는 과정에서 아이의 자기 인식이 높아질 것입니다.

4

'재미있다'에 숨어 있는
세 가지 의미

함께하는 퀴즈 토론

1 ✎ 아래 두 글은 같은 소재로 서로 다른 내용을 담고 있습니다. 두 글을 읽으며
어떤 느낌을 받았나요? 두 글의 차이점은 무엇인가요?

① 어제는 《강아지똥》을 읽었다. 참 재미있었다. 아침에는 TV
에서 〈런닝맨〉을 봤다. 아주 재미있었다. 지금은 《우주 이야
기》를 읽고 있다. 너무 재미있다.

② 어제는 《강아지똥》을 읽었다. 눈물이 핑 돌게 감동적이었
다. 아침에는 TV에서 〈런닝맨〉을 봤다. 보면서 배가 아플

정도로 웃었다. 지금은《우주 이야기》를 읽고 있다. 아주 흥미롭다.

도움말 ①은 단조롭고 지루합니다. "재미있다"는 표현이 반복되기 때문입니다. ②는 반복하던 표현을 각각 다르게 바꿔 썼습니다. 더 좋은 글이 되었습니다.

2 🖊 아랫글에서 밑줄 친 "재미있었다" 혹은 "재미있는"을 다른 표현으로 바꿔 보세요.

《성냥팔이 소녀》를 읽었다. <u>재미있었다.</u> 영어 책에서는 'How are you?'라는 인사도 배웠다. <u>재미있었다.</u> 친구들과 만나서 떠들며 이야기했다. <u>재미있었다.</u> 오늘은 온통 <u>재미있는</u> 일만 생겼다.

도움말 《성냥팔이 소녀》를 읽고 느낀 재미를 좀 더 섬세하게 표현하는 것이 어떨까요? 웃겨서 느낀 재미와는 거리가 멀기에 '마음이 아팠다'라고 하면 됩니다. '눈물이 나서 읽기 힘들었다'도 괜찮고요. 또 새로운 영어 인사말을 배웠다면 '영어는 아주 신기하다'라거나 '배울수록 흥미롭다'라고 할 수 있겠죠. 친구를 만나 재미있었다면 '신났다'거나 '배가 아프게 실컷 웃었다'라는 뜻일 겁니다. 어린이가 감정을 정교하게 표현하도록 지도하는 것이 요점입니다.

마음을 나누는 글쓰기 연습

1 ✎ 내 인생에서 가장 재미있던 일은 무엇인가요? 감동, 웃음, 흥미 등 무엇이든 좋습니다. 재미있던 인생 사건을 세 가지만 꼽고 왜 그렇게 느꼈는지 함께 적어보세요.

도움말 감동적인 독서 경험이나 영화 감상 경험을 꼽을 수 있을 겁니다. 아니면 아주 신났던 여행을 떠올릴 수도 있겠죠. 아이가 느낀 감정을 섬세하게 묘사하도록 이끌어주세요. 처음부터 잘 쓸 수는 없더라도 연습하다보면 아이가 수백 개의 감정을 인지하는 출발점이 될 것입니다.

5

감정 표현 글을
길게 쓰는 방법

함께하는 퀴즈 토론

1 ✏️ 재미있는 TV 프로그램을 본 두 어린이가 글을 썼습니다. ①과 ②는 어떤 차
이가 있는지 설명해보세요.

①오늘 저녁에 〈런닝맨〉을 봤다. 웃겨서 혼났다. 이렇게 재미있
는 프로그램이 있어서 기쁘다.

②오늘 저녁에 〈런닝맨〉을 보면서 폭소를 참지 못했다. 지금까
지 이렇게 재미있는 TV 프로그램이 있었을까? 기억을 더듬
어보니 딱 두 개가 더 재미있었다. 개그맨들이 타조와 달리기

경주를 했던 〈무한도전〉을 재방송으로 봤는데 이 에피소드가 1위다. 또 노래하는 원숭이가 나왔던 〈동물의 세계〉가 2위다. 그러니까 오늘 본 〈런닝맨〉은 내가 본 코미디 중에서 역대 3위다. 긴 세월동안 하나도 나오기 힘든 걸작이다. 지금 생각해도 웃긴다.

도움말 ①은 시청한 프로그램 하나에 대한 짧은 감상으로 그쳐 내용이 빈약합니다. ②는 내용이 풍부하고 재미있습니다. 과거에 재미있게 본 TV 프로그램을 비교 대상으로 삼으니까 글이 길어지고 흥미로워진 것입니다.

아이의 기억 속에 글감이 아주 많습니다. 그것을 끄집어내서 글로 옮기면 됩니다.

2 🖊 아래 두 글의 차이는 무엇인지도 이야기해보세요.

① 오늘 저녁에 〈런닝맨〉을 봤다. 웃겨서 혼났다. 이렇게 재미있는 프로그램이 있어서 기쁘다.

② 오늘 저녁 〈런닝맨〉을 보면서 나는 폭소를 참지 못했다. 동생이 깜짝 놀랄 정도로 나의 웃음 소리가 컸다. 아빠도 웃음을 터뜨렸다. 배를 잡고 웃다가 뒤로 넘어갔다. 아빠는 오늘 유독 재미있었다고 말씀하셨다. 그런데 엄마는 조금도 웃지 않았다. 유치하다는 말씀도 하셨다. 유치한 게 무슨 뜻이냐고 물었더니, 어린애 같은 거라고 말씀하셨다. 사실은 유치해야

웃긴 건데 엄마는 그걸 모르는 것 같다. 오늘 〈런닝맨〉은 유치해서 최고였다.

도움말 ①보다는 ②가 길고 재미있어요. ②처럼 좋은 글을 쓴 비결이 무엇일까요? 사랑하는 사람들의 반응을 관찰하고 글로 옮긴 덕분입니다. 글을 쓸 때는 주변 사람들에 대해서 생각해보면 좋습니다. 쓸 내용이 확 늘어나니까요. 아이에게 이 사실을 알려주면 큰 도움이 될 것입니다.

1 ✏️ 오늘 우리 가족의 마음은 어땠나요? 표정은 어땠나요? 가족들에게 무슨 일이 있었나요? 곰곰이 생각하고 써보세요. 가족들을 더 사랑하게 될 거예요.

도움말 이번 글쓰기 주제를 접한 아이는 가족에게 전보다 관심을 보이며 관찰할 것입니다. 사랑하는 사람을 관찰하는 건 사랑을 깊어지게 만들, 아주 좋은 일입니다. 아울러 좋은 글을 쓸 계기가 됩니다. 가족 이야기만 써도 길고 흥미로운 글이 나오니까요.

6

맛과 촉감을
정교하게 표현하려면?

함께하는 퀴즈 토론

1 ✏️ 아래 두 글을 읽고 비교해보세요. 어느 글이 더 재미있나요? 그리고 왜 그렇게 느껴지나요?

① 어제는 계란 볶음밥을 먹었다. 아주 맛있었다. 오늘 낮에는 치킨를 시켜 먹었다. 굉장히 맛있었다. 밤에 야식으로 라면을 먹었다. 너무너무 맛있었다. 요즘 나는 행복하다.

② 어제는 계란 볶음밥을 먹었다. 아주 부드럽고 고소했다. 오늘 낮에는 치킨을 시켜 먹었다. 치킨 조각을 씹으니까 바삭바삭

부서지면서 여러 맛이 났다. 매콤하면서 달콤했고 짠맛도 있었다. 밤에 먹은 라면은 얼큰해서 맛있었다. 국물을 뺏어 먹던 아빠는 "캬, 칼칼하다"라고 하셨다. 요즘 맛있는 걸 많이 먹는다. 나는 세상에서 가장 행복하다.

도움말 ②가 ①보다 훨씬 재미있게 느껴집니다. 맛을 ①보다 상세하게 묘사했기 때문이지요. ②를 읽으면 입에 절로 침이 고입니다. '매콤' '달콤' '얼큰' '칼칼한' 등 맛 표현 덕분입니다.

2 ✏ 화가 난 아빠의 얼굴에 생기는 변화를 적은 두 글을 비교해보세요. 어느 글이 더 재미있나요? 또 재미있게 느껴지는 이유는 무엇일까요?

① 아빠는 착하지만 가끔 화를 낸다. 화가 나면 얼굴이 붉어지고 코에 힘이 들어간다. 이럴 땐 아빠가 뿔이 난 거다. 조심조심 달래줘야 한다.

② 아빠는 착하지만 가끔 화를 낸다. 화가 나면 아빠 얼굴은 불그죽죽해진다. 또 코에 힘이 잔뜩 들어가고 결국 콧구멍이 벌름벌름한다. 입술이 실룩거리면서 왼쪽 콧구멍이 더 커지면 그땐 아빠가 정말로 뿔이 난 거다. 조심조심 달래줘야 한다.

도움말 ②가 훨씬 재미있어요. 아빠의 얼굴 모양을 자세하게 표현했기 때문입니다. 코가 벌름거리고 불그죽죽한 아빠 얼굴이 눈앞에 그려지는 듯합니다.

마음을 나누는 글쓰기 연습

1 ✎ 최근에 먹은 맛있는 음식은 무엇이었나요? 입에 넣으니까 어떤 느낌이었고,
기분은 또 어땠나요? 자세히 써보세요. 내가 느끼고 본 것을 더 섬세하게 표
현하면 기분이 좋아지고 행복해질 겁니다. 글쓰기가 행복의 비결입니다.

도움말 '식감'이라는 단어가 있습니다. 입에 음식을 넣었을 때 전해지
는 느낌을 뜻하죠. 우리 언어는 식감을 표현하는 단어가 잘 발
달해 있습니다. 예를 들어서 '부드럽다' '야들야들하다' '연하
다' '단단하다' '쫄깃하다' '바삭바삭하다' '아삭아삭하다' '물컹
하다' '쫀득쫀득하다' '말랑말랑하다' '촉촉하다' '진하다' 같은
표현이 있습니다. 식감 표현 낱말을 많이 쓰면, 맛있는 느낌의
글을 쓸 수 있다고 아이에게 이야기해주세요.

2 ✎ 엄마를 꼭 끌어안으면 기분이 어떤가요? 어떤 감촉이고 어떤 향이 나나요?
구체적으로 써보세요.

도움말 '엄마 품속 느낌'은 쉬울 것 같으면서 어려운 글쓰기 소재입니
다. 자기 느낌을 아주 자세히 분석하고 정교하게 묘사해야 글을
쓸 수 있기 때문입니다. 그래도 '포근하다' '푸근하다' '따뜻하다'

'따사롭다' '따스하다' '아늑하다' '편안하다' 같은 낱말을 알면 글쓰기가 좀 더 수월해집니다. '기분 좋은 향기' '푸근한 향기' '마음이 편해지는 향기' '스르르 눈이 감기는 향' 등으로 표현할 수 있다는 식으로 다양한 감각 표현을 아이와 함께 이야기해보세요.

6

창의적이고 심층적인
글쓰기 기법

1

비교와 대조:
공감과 존중 배우기

함께하는 퀴즈 토론

1 ✎ 개와 고양이를 비교하고 대조해보세요. 성격과 외모 등 어떤 것이든 좋아요.
닮은 점은 무엇이고 다른 점은 무엇인가요? 공통점과 차이점을 각각 세 가
지 이상 찾아 이야기해보세요.

도움말 개는 다정한 매력이 있고, 고양이는 비교적 쌀쌀맞은 매력이 있
습니다. 또한 개는 산책을 즐기는 반면 고양이는 영역 동물이라
산책하지 않고 자기 영역에서만 지냅니다.
개와 고양이는 모두 사랑스럽고 똑똑한 동물이며, 소중한 생명

체라는 공통점이 있습니다.

두 동물의 차이점과 공통점은 이밖에도 더 많이 있을 테니 잘 찾아보세요. 이런 문제는 아이의 감각과 관찰력을 깨웁니다.

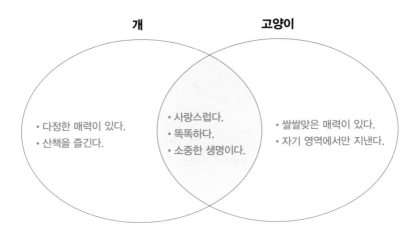

개		고양이
• 다정한 매력이 있다. • 산책을 즐긴다.	• 사랑스럽다. • 똑똑하다. • 소중한 생명이다.	• 쌀쌀맞은 매력이 있다. • 자기 영역에서만 지낸다.

2 ✎ 이번에는 개그맨 유재석 씨와 강호동 씨를 비교 대조해보세요. 힌트를 드릴게요. 둘 다 개그맨이라는 점은 같아요. 그런데 한쪽은 강하고 다른 한쪽은 부드러운 이미지입니다. 또 몸 크기와 목소리 크기도 달라요. 두 사람의 공통점과 차이점을 각각 세 가지 이상 찾아 벤다이어그램으로 표현해보세요.

도움말 아이가 친근하게 느끼는 대상으로 대조 연습을 하는 게 아주 중요합니다. 개그맨이 아니라 가수, 배우여도 좋습니다. 만화 속 캐릭터를 비교·대조하라고 해도, 아이는 잘 따를 것입니다.

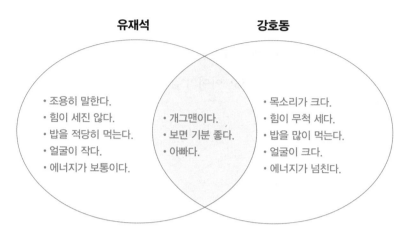

유재석

- 조용히 말한다.
- 힘이 세진 않다.
- 밥을 적당히 먹는다.
- 얼굴이 작다.
- 에너지가 보통이다.

- 개그맨이다.
- 보면 기분 좋다.
- 아빠다.

강호동

- 목소리가 크다.
- 힘이 무척 세다.
- 밥을 많이 먹는다.
- 얼굴이 크다.
- 에너지가 넘친다.

3 ✏️ 경주를 했던 토끼와 거북 이야기 아시죠? 이야기 속에서 토끼와 거북의 차이점과 공통점을 생각해보세요. 힌트를 드릴게요. 토끼와 거북은 네발 동물이라는 점이 같아요. 또 이기고 싶은 마음이 있다는 점도 똑같죠. 그런데 다른 점도 있어요. 토끼는 빠르지만 자만하는 성격이고 거북은 느리지만 인내심이 강해요. 여러분이 생각하는 토끼와 거북의 공통점과 차이점이 또 있을 거예요. 아래 벤다이어그램을 채워보세요.

도움말 둘의 차이점과 공통점은 더 있습니다. 토끼는 초식동물이고 거북은 잡식동물입니다. 또 토끼는 물에서 느리지만 거북은 물에서 아주 빠릅니다. 그런데 두 동물은 피곤하면 쉬고 싶고 편한걸 더 좋아한다는 점에서는 같습니다. 다른 점은 토끼는 쉬고 싶은 마음에 패배했고 거북은 이겨냈다는 것입니다.

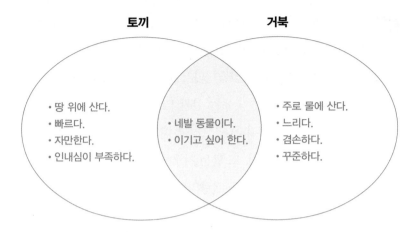

4 ✏️ 달과 지구는 어떤 게 닮았고 어떤 게 다른지 생각해보세요.

달과 지구는 공통점이 있어요. 태양계에 속해 있다는 게 같아요. 또 <u>스스로</u> <u>빛을 내지 않는다는 점도 같고요</u>. 또 지구와 달은 중심에 핵이 있다는 점이 비슷해요.

그런데 닮은 점보다 다른 점이 훨씬 많아요. 지구는 행성이어서 태양 주변을 돕니다. 달은 위성이어서 지구 주변을 돌죠. 지구의 공전 주기는 약 365일인데, 달의 공전 주기는 약 27.3일입니다. 또 지구에는 생명이 살 수 있다는 점이 아주 특별하죠. 지구 위에는 수많은 종의 생명체가 살고 있습니다. 반면 달에는 생명체가 살지 않습니다. 지구와 달은 중력의 크기도 달라요. 지구 중력이 달 중력의 여섯 배입니다. 달에 가면 체중이 6분의 1로 가벼워집니다. 지구와 달은 크기도 달라요. 달의 지름은 지구 지름의 4분의 1입니다. 또 지구 표면에는 숲과 물이 있지만, 달 표면에는 크레이터(구덩이)가 많아요.

여러분이 알고 있는 것도 더해서, 벤다이어그램을 채워보세요.

도움말 두 천체의 유사점과 차이점을 더 말씀드리겠습니다. 달과 지구는 공전과 자전을 한다는 점에서 같습니다. 구체인 것도 같아요. 그런데 달에는 대기가 없습니다. 그래서 온도 변화가 아주 심하죠. 달의 적도 부근은 낮에는 섭씨 120도까지 올랐다가 밤에는 영하 170도로 떨어집니다. 그리고 대기가 없으니 바람이 없고 풍화 작용도 없습니다. 또 달은 지구에 비해서 무게가 아주 가볍습니다. 달의 질량은 지구 질량의 1.2퍼센트에 불과합니다.

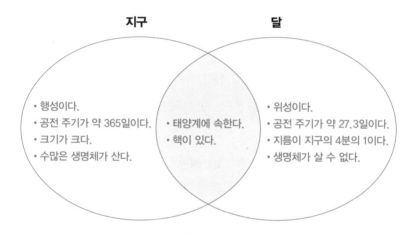

지구

• 행성이다.
• 공전 주기가 약 365일이다.
• 크기가 크다.
• 수많은 생명체가 산다.

• 태양계에 속한다.
• 핵이 있다.

달

• 위성이다.
• 공전 주기가 약 27.3일이다.
• 지름이 지구의 4분의 1이다.
• 생명체가 살 수 없다.

1 ✎ 가장 친한 친구와 나를 비교·대조해보세요. 어떤 점이 비슷하고 어떤 점이 다른지 세 가지씩 골라서 글로 써보는 겁니다.

도움말 아이와 친구는 서로 비슷한 점이 많습니다. 음식이나 놀이 등에서 취향이 비슷해야 친해집니다. 반면 차이점 때문에 친해지기도 하죠. 마음이 급한 친구는 마음이 느릿느릿한 친구와 어울립니다. 적극적인 친구가 소극적인 친구와 좋은 짝을 이룰 수도 있고요. 아이가 친구와 성격, 적성, 취향 면에서 어떤 차이점과 공통점이 있는지 잘 찾아서 쓰도록 지도해주세요.

2 ✎ 스마트폰과 TV의 공통점과 차이점은 무엇인가요? 둘 다 재미있고 기분을 좋게 만듭니다. 그런데 스마트폰만 있으면 TV는 필요 없나요? 아닐 겁니다. TV가 꼭 필요할 때가 있어요. 스마트폰과 TV에 분명히 다른 면도 있다는 증거입니다. 두 기기의 같은 점과 다른 점을 세 가지씩 써보세요.

도움말 스마트폰은 소통할 수 있는 기기입니다. 통화와 문자를 주고받을 수 있죠. TV에는 소통 기능이 없습니다. 또 스마트폰은 개인화되어 있습니다. 개인의 사적인 매체인 데 반해 TV는 같이 사는 사람이 있다면 공유하는 매체이죠.

한편 TV가 좋은 점도 있습니다. 스마트폰에서는 볼 수 없는 드라마와 예능 프로그램을 TV가 보여줍니다. 또 무엇보다 화면이 커서 몰입감이 뛰어납니다. 그런데 두 기기의 중요한 공통점을 하나 빠트렸군요. 모두 공부할 시간을 빼앗고 생각하는 능력도 앗아간다는 점에서 닮았습니다.

3 ✏️ 엄마와 나를 비교하고 대조해서 글을 써보세요. 어떤 공통점이 있고 어떤 차이점이 있는지 써보는 겁니다. 외모나 성격 그리고 습관에 대해서 잘 생각해보면, 닮은 점과 다른 점을 떠올릴 수 있을 거예요.

[도움말] 아이가 어려워할 수 있어요. 그럴 때는 엄마가 힌트를 주면 좋습니다. 말투, 생활 습관, 외모 등 여러 면에서 비슷한 점과 다른 점이 분명히 있을 겁니다. 엄마가 어린 시절 겪었던 일들, 기억하는 슬픔과 기쁨에 대해 말해주고 아이가 공통점을 찾도록 해보는 것도 좋습니다. 아이의 글쓰기 실력이 늘어날 뿐 아니라 이런 대화를 하는 과정에서 아이와 친밀도도 높아집니다.

4 ✏️ 엄마와 아빠를 비교하고 대조해보세요. 엄마와 아빠는 어떤 면이 닮았나요? 또 어떤 면에서 다른가요? 말투, 식성, TV 드라마 취향 등 뭐든지 좋아요.

[도움말] 아이는 부모님이 어떤 점에서 닮았고 어떤 점이 다르다고 생각

할까요? 이런 연습문제를 통해서 아이의 관찰력이나 표현력 수준을 알 수 있습니다. 아울러 소통의 기회도 될 것입니다. 글에는 부모님에 대한 아이의 생각이 담길 테니까요. 아이가 부모에 대한 감사, 불만, 바람, 걱정 등을 마음껏 표현하도록 이끌어주세요.

2

분석: 분해하고 꿰뚫어보는 실력 키우기

함께하는 퀴즈 토론

1 《피노키오》감상문입니다. 피노키오가 저지른 4가지 잘못이 무엇인가요?
그리고 글쓴이는 분석 끝에 어떤 결론에 도달했나요?

제목 **나쁜 행동을 반성한 피노키오**

《피노키오》는 재미있으면서도 어렵다. 작가 카를로 콜로디가 왜《피노키오》를 썼는지 알 수 없었다. 작가는 어린이들이 무엇을 배우길 원했던 것일까. 나는 피노키오의 행동을 분석해보기로 했다.

피노키오는 못된 아이였다. 한번은 제페토 할아버지가 외투까지 팔아서 사준 책을 읽기는커녕 다 팔아서 그 돈으로 인형극 구경을 했다. 피노키오의 말썽은 점점 심해졌다. 학교에 가지도 않았고 또 남을 속이는 친구들과도 어울리다가 결국 집을 나와 버렸다. 가출한 피노키오는 서커스단에 잡혀가고 감옥에도 갇혔다. 또 거짓말을 해서 코가 장대처럼 길어지는 일까지 겪었다. 피노키오가 한 행동들을 분석해보니까 피노키오는 말썽쟁이였다. 나쁜 짓만 골라 해서 할아버지를 슬프게 만들었다. 나쁜 행동은 사랑하는 사람의 마음을 아프게 만든다.

하지만 피노키오는 생각을 바꾼다. 할아버지를 슬프게 한 걸 반성하고 착실한 아이가 되기로 결심한 거다. 그러자 요정이 나타나 나무 인형 피노키오를 진짜 사람으로 만들어줬다. 나쁜 행동을 하던 피노키오는 착해졌다.

그런데 착하다는 게 뭘까? 사랑하는 사람을 슬프게 만들지 않아야 착한 게 아닐까? 피노키오도 할아버지의 사랑이 얼마나 고마운지 깨달으며 착해졌다. 나도 착한 사람이 될 거다. 사랑하는 부모님과 친구와 동생의 마음을 아프게 하지 않을 테다. 《피노키오》를 읽고 그렇게 마음 먹었다.

도움말 감상문을 쓴 어린이는 피노키오가 어떤 나쁜 행동을 했는지 분석하고는, 나쁜 행동이 사랑하는 사람의 마음을 아프게 만든다는 걸 알아냈습니다. 분석을 통해 중요한 교훈을 얻은 것이죠. 아이가 분석한 내용을 그림으로 표현하도록 해보세요. 역시 정답은 없습니다. 분석을 시도하는 것만으로도 의미가 있습니다.

결론: 나쁜 행동은 사랑하는 사람의 마음을 아프게 한다.

2 📝 한 초등학생이 했던 말을 제가 글로 옮겼습니다. 글을 분석해보세요. 이 아이가 자신을 사랑하고 있는지 이야기해보세요.

나는 친구들이 부럽다. 노래를 잘하는 아이와 좋은 옷을 산 아이를 보면 부럽다. 부러우면 기분이 나빠진다. 노래를 못하는 내가 미워지고 예쁜 옷이 없는 게 화가 난다. 나는 내가 싫을 때가 많다.

나는 엄마, 아빠에게 잘못을 많이 한다. 오늘은 학원에서 본 시험 성적이 낮게 나왔다. 엄마, 아빠가 속상해하셨다. 많이 슬퍼하시는 것 같았다. 내 잘못이다. 내가 잘못해서 부모님 마음을 아프게 했다. 나는 나쁜 아이다.

나는 또 바보 같은 아이다. 친구의 재미없는 이야기를 듣고도 크게 웃어준다. 친구가 실망하는 게 싫어서 웃어주는 거다. 또 친구들이 부탁하면 무조건 들어준다. 거절하면 나를 미워할까

봐 무섭다. 어제는 친구들이 나를 미워하는 꿈을 꾸고 울었다. 나는 나 자신보다 친구들을 더 좋아하는 것 같다.

도움말 한 아이가 자기 마음을 분석한 글입니다. 아이는 남과 자신을 비교하면서 괴로워하고 있어요. 또 부모님에 대한 죄책감이 너무 깊어요. 세 번째로 친구들을 자신보다 더 좋아해서 친구를 위해서라면 자신을 과도하게 희생합니다. 하기 싫은 부탁도 들어주고 억지로 웃어주면서 비위도 맞춥니다. 결론적으로 아이는 자기 사랑이 부족합니다.

앞선 분석 내용을 아래처럼 그림으로 나타낼 수 있습니다.

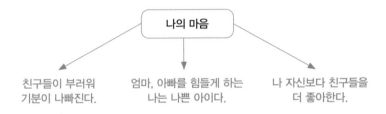

나의 마음

친구들이 부러워 기분이 나빠진다.

엄마, 아빠를 힘들게 하는 나는 나쁜 아이다.

나 자신보다 친구들을 더 좋아한다.

결론: 나는 나를 사랑하지 않는다.

마음을 나누는 글쓰기 연습

1 ✎ 엄마나 아빠의 얼굴을 분석하는 글을 써보세요. 주로 어떤 표정을 짓는지, 그
   때 눈은 어떤 모양인지, 코와 입은 어떤 형태인지 써보세요. 또 이마와 볼과
   턱 모양도 묘사해보세요. 그럴 때 엄마 혹은 아빠의 분위기는 어떤지도 함께
   써보세요.

[도움말] 얼굴 모양만 분석하고 묘사하자는 의도는 아닙니다. 이번 글쓰
   기는 부모와 아이가 감정을 나눌 기회입니다. 얼굴을 자세히 들
   여다보기만 해도 깊은 교감이 이루어지기 때문입니다. 상대의
   얼굴에서 기쁨이나 슬픔을 읽어내게 됩니다. 아이가 부모님의
   얼굴을 보면서 어떤 감정에 사로잡힐까요? 흥미진진한 글이 나
   올 것 같습니다.

2 ✎ 나의 일상을 분석하는 글을 써보세요. 나는 무엇을 좋아하는 사람인지 알아
   내는 게 목표예요. 어떤 과목을 공부할 때 가장 기분 좋은가요? 누구와 무엇
   을 할 때 가장 즐겁나요? 스마트폰으로는 주로 무엇을 하나요? 어떤 책, 어
   떤 음식, 어떤 TV 프로그램을 좋아하나요? 내가 좋아하는 것을 생각하다보
   면, 나에 대해서 더 잘 알게 될 거예요.

분석 대상이 어린이 자신의 일상 생활입니다. 자신의 생활을 분석해서, 좋아하는 것이 무엇인지 찾아내라는 주문입니다. 생각보다 훨씬 쉬울 수 있어요. 어떤 것을 좋아하는지 단순 나열해도 된다고 일러주세요. 좋아하는 것을 특정 기분 없이 아무렇게나 늘어놓는 것도 분석입니다. 그렇게 분석하다보면 내가 무엇을 좋아하는지 알아내어 기쁨을 느낄 것입니다.

3

분류: 생각을
단순 명료하게 만들기

함께하는 퀴즈 토론

1 🖉 일상에서 나를 기분 좋게 만드는 것과 힘들게 하는 것을 두 가지 요소로 분류해 적어보세요.

도움말 아이마다 분류 결과가 모두 다를 것입니다. 부모 생각과도 다를 수 있어요. 그렇게 달라도 되고 또 다를수록 좋다고 말해주세요. 솔직하고 편안하게 표현해도 된다고 일러주면 아이가 분류를 더 잘할 수 있습니다.

나는 기분 좋게 만드는 것들	나를 힘들게 하는 것들
엄마의 칭찬	엄마의 야단
친구의 미소	친구들의 따돌림
같이 놀아주는 아빠	아빠의 화난 얼굴
쉬어도 된다는 허락	쉬지 말고 공부하라는 잔소리
주말 가족 여행	주말 공부
내가 결정하는 '자율'	엄마, 아빠가 시키는 '타율'
토요일 아침	월요일 아침

1 ✏️ 코끼리를 분류해보세요. 코끼리에는 어떤 종이 있나요? 종별 차이점은 무엇인가요? '코끼리 종'이라고 인터넷 검색을 하면 답을 찾을 수 있어요.

도움말 코끼리는 크게 두 종류로 나뉩니다. 아시아코끼리와 아프리카코끼리가 있지요. 아시아코끼리는 귀가 작고 사각형인데, 아프리카코끼리는 귀가 넓고 삼각형입니다. 또 아시아코끼리 발톱 수는 앞발이 5개, 뒷발이 4개인 데 반해서 아프리카코끼리는 각각 4개와 3개입니다. 몸집도 다릅니다. 아시아코끼리는 3~5톤이고, 아프리카코끼리는 5~7.5톤입니다.

2 ✏️ 엄마와 아빠의 말을 분류해봅시다. 어떤 말이 나에게 용기를 주고 어떤 말 때문에 좌절하나요? 또 나를 슬프게 만드는 말과 기쁘게 만드는 말은 무엇인가요? 왜 그 말을 들을 때 슬픔 또는 기쁨을 느끼는 걸까요?

도움말 매일 듣는 부모님의 말을 네 가지로 분류해야 합니다. 부담스러워한다면 가짓수를 더 줄여도 좋습니다. 용기를 주는 말과 좌절하게 만드는 말로 분류하는 연습을 해도 충분합니다. 아이는 분류의 기술을 배우고 부모님은 아이의 마음을 배우게 될 것입니다.

메모

메모